新文科·乡村振兴与乡村教育战略研究丛书

丛书总主编 冯用军

绿水青山就是金山银山

乡村生态治理路径研究

LÜSHUI QINGSHAN JIUSHI JINSHAN YINSHAN
XIANGCUN SHENGTAI ZHILI LUJING YANJIU

霍翠芳 著

西安交通大学出版社
XI'AN JIAOTONG UNIVERSITY PRESS
国家一级出版社
全国百佳图书出版单位

图书在版编目(CIP)数据

绿水青山就是金山银山:乡村生态治理路径研究/霍翠芳著.—西安:西安交通大学出版社,2022.9
ISBN 978-7-5693-2602-4

Ⅰ.①绿… Ⅱ.①霍… Ⅲ.①农村—生态环境—环境综合整治—研究—中国 Ⅳ.①X322.2

中国版本图书馆CIP数据核字(2022)第076407号

绿水青山就是金山银山:乡村生态治理路径研究

著　　者　霍翠芳
项目策划　王斌会
责任编辑　张　娟
责任校对　张静静
装帧设计　任加盟

出版发行　西安交通大学出版社
（西安市兴庆南路1号　邮政编码710048）
网　　址　http://www.xjtupress.com
电　　话　(029)82668357　82667874(市场营销中心)
(029)82668315(总编办)
传　　真　(029)82668280
印　　刷　西安五星印刷有限公司

开　　本　720mm×1000mm　1/16　印张　14.25　字数　187千字
版次印次　2022年9月第1版　2023年2月第1次印刷
书　　号　ISBN 978-7-5693-2602-4
定　　价　98.00元

如发现印装质量问题,请与本社市场营销中心联系。
订购热线:(029)82665248　(029)82667874
投稿热线:(029)82668525

编委会

总序一

乡村兴，民族才能复兴；乡村美，中国才能完美。乡村振兴战略是党之大计、国之大计、民族之大计、人民之大计，是习近平同志2017年10月18日在党的十九大报告中提出的顶层战略设计。

众所周知，“三农”问题（农业、农村、农民问题）是关系国计民生的根本性问题，乡村振兴战略是顺应亿万农民美好生活需要的总蓝图，也是新时代做好“三农”工作的总抓手。2018年9月26日，为贯彻落实党的十九大、中央经济工作会议、中央农村工作会议精神和政府工作报告要求，绘制好战略蓝图，强化规划引领，科学有序推动乡村产业、人才、文化、生态和组织振兴，根据《中共中央国务院关于实施乡村振兴战略的意见》，中共中央、国务院印发了《乡村振兴战略规划（2018－2022年）》，作为推进乡村振兴的行动指南，为实现乡村全面振兴布局。

百年大计，教育为本；教育大计，教师为本。乡村要振兴，科教必强盛，“三农”问题是全党工作重中之重，教育强国是“国之大事”之一，乡村振兴必先振兴乡村教育，因为乡村发展最终要靠人才，而人才培养最终要靠教育。扶贫先扶智，兴农先兴教，历史和实践已经充分证明，振兴乡村教育不仅是促进乡村精准扶贫与脱贫的根本，也是巩固教育精准脱贫攻坚成果与实现乡村振兴良性循环的关键，二者携手同行才能在“双循环”新发展格局中以高质量发展实绩实效迎接党的二十大胜利召开，扎实推动共同富裕，实实在在造福中国人民。

冯用军教授是教育战略问题研究专家，不仅长期关注和研究新文科、乡村振兴、乡村教育等重要领域，而且在中国西部、中部和东部的乡村与城市生活、学习和工作过，主持过多项相关国家社科基金项目、发表过多本（篇）相关论著、主编过多套教育问题研究丛书，在学术界和实践界均有一定影响力。在中共中央、国务院《乡村振兴战略规划（2018—2022年）》的收官之年和向"第二个百年"奋斗目标迈进之际，由他来主编"新文科·乡村振兴与乡村教育战略研究丛书"（简称"新文科丛书"），可谓天时、地利、人和。

"新文科丛书"第一辑包括4本著作，分别是陕西师范大学教授冯用军与陕西师范大学博士生、唐山师范学院副教授赵雪合著的《山窝窝飞回金凤凰：中国返乡女大学生创新创业研究》，北京师范大学中国教育与社会发展研究院副研究员李芳的专著《为了美好未来：乡村振兴下边境地区义务教育发展战略研究》，教育部职业教育发展中心助理研究员房风文的专著《职教一人就业一人脱贫一家：职业教育精准扶贫与贫困地区发展研究》，山西师范大学副教授霍翠芳的专著《绿水青山就是金山银山：乡村生态治理路径研究》。

"新文科丛书"充分展示了各位青年作者的学术才华，他（她）们既有对党和国家战略政策的很强的领悟能力，也有对历史变迁与现实图景的很强的感悟能力，还有对"三农"问题纾解与乡村教育文化发展的很强的觉悟能力，从考据、义理、辞章的标准衡量，已然畅达如行云流水，确已超过了他（她）们的年龄界限，也充分体现了他们的学术水平。当然，"新文科丛书"并非完美无缺，在一些方面仍然显示出稚嫩的痕迹，但瑕不掩瑜，并不妨碍"新文科丛书"各分册整体的架构与对相关专题问题的评估和判断。

总之，以冯用军教授领衔的"新文科丛书"编撰团队，皆是各自学科领域的后起之秀，我历来对新青年学人寄予厚望，作此序，一是为他们各自的著作完成表示祝贺，付梓后可在更大范围内嘉惠学林，二是向学界和读者推荐，期待他们未来的研究能够更上一层楼，为新文科建设、乡土教育文化繁荣、乡村振兴战略实现等作出更大贡献。

略赘数言，以为之序！

雷明①

2022年2月28日

于北京大学

① 雷明，男，北京大学光华管理学院二级教授，华中科技大学系统工程学博士，北京大学经济学博士后站首位博士后，师从厉以宁先生，博士研究生导师。北京大学乡村振兴研究院（原北京大学贫困地区发展研究院）院长，英国爱丁堡大学荣誉教授。国务院原扶贫领导小组专家咨询委员会委员，教育部教学指导委员会管理科学与工程专业委员会委员，“教育部新世纪优秀人才支持计划”入选者。中国运筹学会专业委员会副理事长，中国环境科学协会环境经济学专业委员会副主任委员，国家环保部和国家统计局、中国国家林业局和国家统计局“绿色 GDP 核算”联合攻关项目组专家。在 *The International Journal of Management Science* 等发表学术论文百余篇，出版《通往富裕之路：中国扶贫的理论思考》、*Climate Mitigationand Adaptationin China：Policy，Technology and Market* 等中英文学术专著多部。

总序二

从上古时期到元宇宙时代，中华民族五千年的发展史，核心就是一部农业农村、农民发展史，乡业、乡村、乡民、乡村教育一直都是备受关注的中心话题。从《礼记》中的"建国君民，教学为先"，到《孟子·尽心下》中的"民为贵，社稷次之，君为轻"，再到唐朝陆贽《奉天论延访朝臣表》中的"故喻君为舟，喻人为水，言水能载舟亦能覆舟也，舟即君道，水即人情，舟顺水之道则浮，违则没"，民心始终被重视。中国共产党诞生、中华人民共和国成立以来，农业、农村、农民问题（简称"三农"问题）一直是党和国家关注的重特大问题，特别是改革开放以来，解决"三农"问题很快成为中共中央"一号工程"。1982 年 1 月 1 日，中共中央批转《全国农村工作会议纪要》，《全国农村工作会议纪要》成为改革开放后我国第一个"中央一号文件"。"三农"问题是中国历史上的重大存在，乡村教育也是中国学界长期关注和重点研究的重大课题，在十八大开创的新时代背景下，乡村振兴、乡村教育及其互动关系亟待系统开拓。

在中国大地上，党领导全国各族人民在实现"两个一百年"奋斗目标的接续革命中进行了历史性变革、取得了历史性成就，在第一个百年内（1921—2021 年，中国共产党成立 100 周年）成功实现了全面建成小康社会的伟大梦想，在"十四五"开局之年，顺利走上了在第二个百年内（1949—2049 年，中华人民共和国成立 100 周年）实现把我国建成富强民主文明和谐美丽的社会主义现代化强国的伟大道路。人才蔚起国运兴,教育兴旺民族强,国将兴必尊师而重傅,民族复兴必实施科教兴国、人才强国战略。2017 年 10 月,在党的十九大报告中,习近平总书记浓墨重彩地描绘了在 2020 年全面建成小康社会之后向第二个百年奋斗目标进军的宏伟蓝图,开启全面建设社会主义现代化国家的新征程。2022 年 2 月 28 日下午,习近平总书记主持召开中央全面深化改革委员会第二十四次会议,审议通过了《关于加强基础学科人才培养的意见》,强调要大力培养造就一大批国家创新发展急需的基础研究人才。“三农”工作是全面建设社会主义现代化国家的重中之重,国务院《“十四五”推进农业农村现代化规划》对“十四五”时期推进农业农村现代化的战略导向、主要目标、重点任务和政策措施等作出全面安排,要求全面推进乡村产业、人才、文化、生态、组织振兴,增强农业农村对经济社会发展的支撑保障能力和“压舱石”的稳定作用。

教育是国之大计,人才是国之大者,乡村振兴必先振兴乡村教育,没有全面现代化的农业、农村和经过现代化教育的农民,就不可能有全面现代化的社会主义中国,必须重视教育立德树人的根本任务和培英育才的元始职能。国无才不立,业无才不兴,人才是实现乡村振兴、民族复兴、国家富强、全球领先的战略资源,功以才成,业由才广。“三农”问题的根本问题不仅是战略问题、政策问题、资源问题、技术问题,也是人才缺乏问题,特别是缺乏符合中国国情、农村村情的人才。实施乡村振兴战略,发展是第一要务,人才是第一资源,创新是第一动力,高质量实施乡村振兴战略必须依靠高质量发展教育体系,必须充分发挥普通教育、职业教育、技师教育“三驾马车”的作用,必须统筹做好乡村科技教育人才产业协同发展,必须科学探索构建中国特色乡村教育振兴乡村一体化工作方法和工作机制,让人才回得来、留得下、发展好、生活美,在大有可为的新时代里大有作为。换句话说,在“双循环”新发展格局中全面实现“三农”现代化,只有把高质量发展乡村教育、培育乡土人才提高到关系乡村振兴战略成败的党之大计、国之大计的顶层高度来认识,切实做到尊师重教和不拘一格用人才,号召全社会都来关心和支持乡村教育事业的高质量发展,才能为党和国家的乡村振兴伟大事业持续提供强大的人才保证和智力支撑，为其他发展中国家通过振兴乡村教育实现乡村振兴提供中国智慧和中国方案。

乡愁，是中国人对故土人文山水、乡音乡情的悠长眷恋。千百年来“暧暧远人村，依依墟里烟”的乡土中国，正在经历人类历史上规模最大、速度最快的百年未有之大变局，如何处理好传统与现代、继承与发展、城市与乡村的关系，如何把记忆留住、乡愁留下，是绕不开的重要课题。本丛书构思得很早，但成书很迟，前后历时数年。作为专注教育系统研究二十余年的乡土学者，从我 1999 年走出四川大山之时，就有了主编一套“乡村与乡村教育”相关丛书的朦胧想法，只是因为忙于求学（淮北师范大学、汕头大学、厦门大学）、问学（华东师范大学、国家教育行政学院、北京师范大学）和治学（云南师范大学、唐山师范学院、陕西师范大学），以致 2003 年本科毕业以来都无暇顾及。2020 年，面对国家乡村振兴战略的成功推进，主编一套“新文科 · 乡村振兴与乡村教育战略研究丛书”的愿望愈发强烈。经过综合考虑后，便将此事提上议事日程，并约请了多位长期从事乡村、乡村教育等深度研究的中青年学者加盟，他们欣然同意。

乡村振兴战略、新文科建设等都属于新领域，各位学者虽然有比较丰富的前期研究成果，但要写出各自擅长领域的专著，还是耗时耗力的。幸运的是，经过各位同道三年来的不懈努力，相继写出了初稿。

众人拾材火焰高，团队协作力量大，丛书从选题策划、遴选作者、打磨书名、精炼内容、装帧设计到出版发行，全过程、全要素、全方位受教或受益于十三届全国人大常委会委员周洪宇教授（华中师范大学）、第十一届全国人大教育科学文化卫生委员会委员谢维和教授（清华大学）、国家教育咨询委员会委员刘海峰教授（浙江大学）、国家教育体制改革领导小组办公室原副主任袁振国教授（华东师范大学）、国务院原扶贫领导小组专家咨询委员会委员雷明教授（北京大学）、教育部哲学社会科学重大攻关项目首席专家周作宇教授（北京师范大学）、全国教育科学规划教育经济与管理学科组成员阎凤桥教授（北京大学）、教育部职业技术教育中心研究所学术委员会秘书长姜大源教授（教育部）、教育部新世纪优秀人才支持计划入选者周光礼教授(中国人民大学)、加州大学总校学术委员会顾问常桐善教授(加州大学)、教育部国家级高层次人才计划特聘教授黄兆信博士(杭州师范大学)等,特别感谢清华大学文科资深教授谢维和先生、浙江大学文科资深教授刘海峰先生、北京大学教授雷明先生、教育部研究员姜大源先生、加州大学研究员常桐善先生、杭州师范大学副校长黄兆信先生应邀担任丛书学术顾问。

团结就是力量,奋斗开创未来,感谢丛书编撰团队的精诚团结、高效工作和辛勤付出,他们是北京师范大学中国教育与社会发展研究院的李芳博士、教育部职业技术教育中心研究所助理研究员房风文博士、陕西师范大学马克思主义学院博士生赵雪副教授、山西师范大学教育科学学院副教授霍翠芳博士。

希望本丛书的能成为支撑乡村振兴战略大厦的中流砥柱之一和破解“三农”问题的“金钥匙”之一,让城市留住记忆,让农村留住乡愁。

近日欣闻丛书将陆续出版,作为总主编,例应作序,以为推介,至于各书之优秀与否,只能敬待读者们裁决。希望读者们看到这部丛书,能有空谷听足音、他乡遇故知之感,更盼能有学术之认同、观点之共鸣。

①

于长安大雁塔

2022 年 6 月 28 日

① 冯用军,男,陕西师范大学教育学部/“一带一路”教育高等研究院教授、厦门大学教育学博士、北京师范大学教育学博士后,博士研究生导师。云南省人民政府研究室特约研究员、天津大学等校客座教授兼硕导、民族教育信息化教育部重点实验室研究员。全国高校人力资源管理专业委员会常务理事、安邦中国评价科学院(AIA)院长、《中国教育学理论与实践》(ISSN:2709-7218)创始主编。在 *Frontiers in Psychology*、《清华大学学报(哲学社会科学版)》、《新华文摘》等发表或被转载中英文论文 150 余篇,在科学出版社、人民出版社等编撰出版中英文著作 20 余部。

目录

绪　　论 …… 1

一、问题的提出 …… 1

(一)“绿水青山就是金山银山”理念 …… 1

(二)乡村振兴战略 …… 2

(三)乡村生态文明治理困境 …… 2

二、研究意义 …… 3

(一)理论意义 …… 3

(二)现实意义 …… 4

三、研究内容 …… 4

(一)乡村人口生态 …… 4

(二)乡村环境生态 …… 5

(三)乡村文化生态 …… 5

(四)乡村教育生态 …… 6

(五)乡村基层政治生态 …… 6

(六)乡村可持续产业生态 …… 6

四、研究思路及方法 …… 6

(一)研究思路 …… 6

(二)研究方法 …… 7

第一章　生态文明理论阐释 …………………………………………… 9
一、生态文明的理论与实践述评 …………………………………………… 9
（一）生态文明理论的兴起与发展 ……………………………………… 9
（二）现代生态文明建设的困境与突破 ………………………………… 13
二、“两山”理念阐释 …………………………………………………… 16
（一）“两山”理念的理论渊源 ………………………………………… 17
（二）“两山”理念的理论内涵 ………………………………………… 20
（三）“两山”理念的国家治理体系论 ………………………………… 24

第二章　改革开放以来乡村生态及治理流变 …………………………… 28
一、改革开放以来乡村生态的历史流变 …………………………………… 28
（一）城镇化进程中乡村自然生态的变化 ……………………………… 29
（二）人口单向化流动加速乡村人口结构变化 ………………………… 37
（三）传统文化与现代文化碰撞使乡村文化重拾生机 ………………… 41
（四）新时期乡村教育的发展变化 ……………………………………… 45
（五）科学治理使乡村政治由分散向整合发展 ………………………… 52
（六）乡村振兴战略使三大产业融合发展 ……………………………… 55
二、乡村生态治理与改善 ………………………………………………… 62
（一）加强环境立法，改善乡村的人居环境 …………………………… 64
（二）脱贫攻坚工程大大改善乡村贫困人口的生活质量 ……………… 65
（三）通过教育均衡化发展和乡村教师优惠政策逐渐缩小城乡教育差距 … 68
（四）多举措力促乡村文化建设回归乡土 ……………………………… 73
（五）通过政策吸引鼓励支持各类人才投入乡村振兴建设 …………… 74

第三章　乡村生态治理现状调查 ………………………………………… 76
一、乡村人口生态 ………………………………………………………… 76
（一）乡村人口基本状况 ………………………………………………… 77
（二）乡村处境不利群体现状及地方关爱举措 ………………………… 79

（三）乡村养老的外部支持系统 …… 87
（四）乡村贫困人口状况及扶贫举措 …… 89
二、乡村环境生态 …… 92
（一）乡村人居环境及治理举措 …… 92
（二）乡村人文环境的构建和治理 …… 101
三、乡村文化生态 …… 106
（一）乡土文化的传承与创新 …… 107
（二）乡风民俗现状与治理 …… 112
（三）乡村文化自信与村落精神重建 …… 117
四、乡村教育生态 …… 120
（一）乡村学校教育生态现状调查 …… 120
（二）优化乡村学校教育生态系统的建议 …… 124
（三）乡村家庭教育生态现状调查 …… 128
（四）乡村家庭教育生态系统重建 …… 133
五、乡村基层政治生态 …… 136
（一）乡村基层组织建设现状调查 …… 136
（二）基层外部治理行为现状调查 …… 140
（三）改善乡村基层政治生态的治理举措 …… 145
六、乡村可持续产业生态 …… 148
（一）乡村特色农业发展概况 …… 148
（二）农产品加工产业链建构概况 …… 150
（三）新兴产业发展概况 …… 152
（四）乡村劳动力转移及产业发展现状 …… 156
（五）实现乡村产业生态优化的建议和举措 …… 157

第四章　样本乡村及学校治理典型案例 …… 163
一、样本乡村治理典型案例 …… 163
案例一：运城市芮城县 A 镇 A1 村 …… 163

案例二:运城市芮城县B镇B1村 …… 167
案例三:吕梁市兴县C镇C1村 …… 169
案例四:吕梁市兴县C镇C2村 …… 173
案例五:吕梁市兴县C镇C3村 …… 176
二、样本乡村学校治理典型案例 …… 179
案例一:吕梁市兴县B镇B2村B2小学 …… 179
案例二:运城市芮城县A镇A1村A1示范小学 …… 180
案例三:运城市芮城县B镇B1联校和B2小学 …… 180
案例四:晋中市介休市A乡A3村A3小学 …… 183
案例五:晋中市介休市A镇A1村A1小学 …… 183

阅读文献 …… 186

附录一:调查问卷 …… 199

附录二:访谈提纲 …… 206
乡镇、村干部访谈提纲 …… 206
村民访谈提纲 …… 208
校长、教师访谈提纲 …… 209
家长访谈提纲 …… 210

致　谢 …… 211

绪　论

一、问题的提出

（一）“绿水青山就是金山银山”理念

2005年8月15日，习近平在任浙江省委书记时，首次提出了“绿水青山就是金山银山”的科学论断。① 当前，这一论断已成为我国生态文明建设的重要理论基础，并成为全社会的共识。2013年9月7日，国家主席习近平在哈萨克斯坦纳扎尔巴耶夫大学发表题为《弘扬人民友谊　共创美好未来》的重要演讲时表示：“中国明确把生态环境保护摆在更加突出的位置。我们既要绿水青山，也要金山银山。宁要绿水青山，不要金山银山，而且绿水青山就是金山银山。”② 2019年9月11日，中华人民共和国生态环境部印发了《“绿水青山就是金山银山”实践创新基地建设管理规程（试行）》，强调“绿水青山就是金山银山”，就是要尽力达到经济发展与生态环境之间的平衡，实现二者相互促进、良性互动，牢

---

① 寇江泽. 各地积极践行绿水青山就是金山银山理念　驰而不息建设美丽中国[N]. 人民日报，2020-12-02(02).

② 习近平在哈萨克斯坦纳扎尔巴耶夫大学发表重要演讲[N]. 人民日报，2013-09-08(01).

固树立“两山”理念,沿着生态优先、绿色发展之路开拓前行,完善生态环境治理体系,不断提升生态环境治理能力现代化水平,从而实现经济社会的可持续发展。

(二)乡村振兴战略

2017年10月18日,党的十九大报告第一次明确提出乡村振兴战略。报告中指出:“农业农村农民问题是关系国计民生的根本性问题,必须始终把解决好‘三农’问题作为全党工作的重中之重。要坚持农业农村优先发展,按照产业兴旺、生态宜居、乡风文明、治理有效、生活富裕的总要求,建立健全城乡融合发展体制机制和政策体系,加快推进农业农村现代化。”[①]我们要建设的现代化是人与自然和谐共生的现代化,要牢固树立社会主义生态文明观,推动形成人与自然和谐发展的现代化建设新格局,为保护生态环境作出我们这代人的努力。2018年1月2日,《中共中央 国务院关于实施乡村振兴战略的意见》发布,该意见指出,我国发展不平衡不充分问题在乡村最为突出,主要表现在农产品阶段性供过于求和供给不足并存等多方面,其中就包括农村环境和生态问题比较突出。乡村整体发展水平有待提高,乡村治理体系和治理能力亟待加强。2021年1月4日,《中共中央 国务院关于全面推进乡村振兴加快农业农村现代化的意见》发布,文件中指出,民族要复兴,乡村必振兴。要逐步推进农业绿色发展,实施农村人居环境整治提升五年行动,以期打造农业强、农村美、农民富的乡村新貌,从而实现乡村全面振兴,让广大农民过上更加美好的生活。

(三)乡村生态文明治理困境

乡村生态文明建设在我国整个生态文明建设中的重要性越来越突出,但是,目前乡村生态治理面临着极大的困境。有学者认为,新时代农村生态治理

① 习近平.决胜全面建成小康社会 夺取新时代中国特色社会主义伟大胜利:在中国共产党第十九次全国代表大会上的报告[M].北京:人民出版社,2017:32.

面临多重困境，分别为农村生态治理观念滞后的理念困境、主体履责不到位的主体困境、技术薄弱的技术困境、制度体系不完善的制度困境和农村生态产业化水平较低的产业困境。① 还有学者认为，目前农村生态文明建设中产业转型升级慢、基础设施建设不完善，且农民参与意识弱、参与度低。② 另有学者认为，农村生态文明治理面临的困境主要有环境污染严重、生态环境退化和村民生态保护意识薄弱。③ 当前乡村生态文明建设中还存在诸多问题，大致可以划分为经济、政治、文化、社会困境四类。经济困境主要是短期内难以改变粗放型经济；政治困境主要是生态文明建设体制矛盾突出；文化困境主要是生态文明建设方面的困境，包括两个方面：一是生态意识淡薄，二是生态文明教育缺失；社会困境主要是环保性社会组织发展缓慢。此外还面临着诸如人口结构失衡、生态环境问题堪忧、乡土文化衰落严重、教育问题突出、基层内外部治理隐患存在、可持续产业发展滞后等问题。乡村生态治理面临的诸多困境，制约着乡村经济社会的可持续发展。因此，亟须探索乡村生态治理的新路径，树立正确的乡村生态文明理念，并从新时代我国乡村生态治理的实际出发有针对性地进行有效化解，从而满足农民日益增长的美好生活需要。

二、研究意义

（一）理论意义

乡村生态治理关乎我国生态全局，乡村治理的现代化决定了国家整体的现

① 赵志强. 乡村振兴战略下的新时代农村生态治理：现实困境与路径选择［J］. 重庆师范大学学报（社会科学版），2020（05）：32－39.

② 杨真珍. 乡村振兴背景下的农村生态文明建设路径研究［J］. 农机使用与维修，2020（8）：34－35.

③ 殷沙漫. 乡村振兴背景下农村生态文明建设的困境与出路［J］. 中国集体经济，2020（31）：17－19.

代化水平。乡村生态治理研究可以为丰富我国生态文明理论及治理理论提供典型案例依据,并为国家完善生态文明治理机制提供理论参考。

(二)现实意义

乡村生态治理水平一定程度上决定了我国整体生态治理的水平,对实施乡村振兴战略也非常重要。但是,在乡村振兴战略推进过程中,一些不当做法导致乡村原有的生态环境遭到破坏,因此,亟须探寻乡村生态治理的出路,改善乡村生态环境,加强乡村生态文明建设。

三、研究内容

本书在推进乡村振兴的背景下,以习近平生态文明思想为理论基础,以山西省为例,对山西省样本乡村的人口生态、环境生态、文化生态、教育生态、基层政治生态和乡村可持续产业生态现状进行调查,探寻当前乡村生态治理路径以实现乡村治理现代化。研究内容框架如图 1 - 1 所示。

(一)乡村人口生态

笔者对山西省乡村人口进行调研,了解乡村人口基本状况,如人口数量、人口质量、人口结构,以及人口分布。尤其调查分析了乡村中的处境不利人群,包括留守妇女、陪读妈妈、空巢老人、留守儿童等。

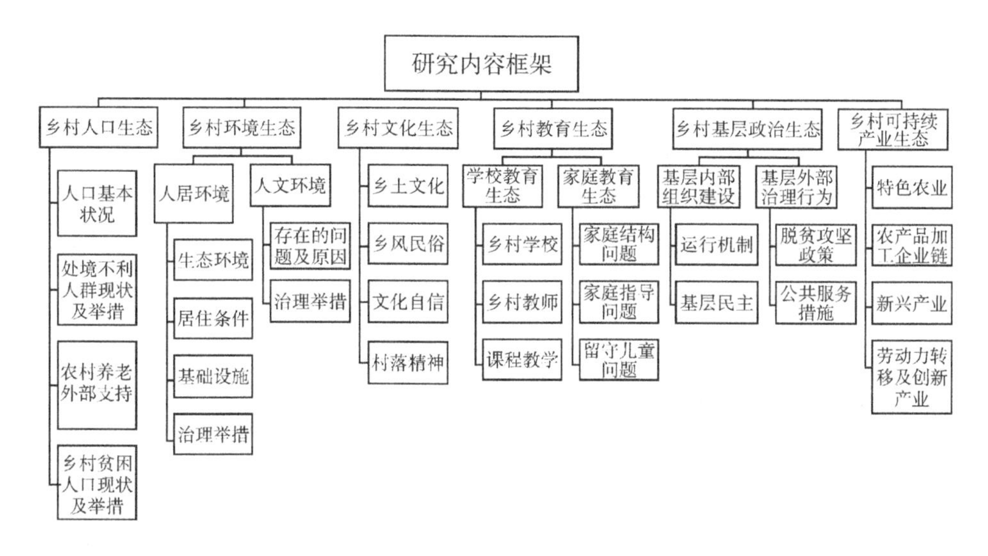

图 1-1 研究内容框架

(二)乡村环境生态

乡村环境生态包括人居环境和人文环境。人居环境主要从生态环境、居住条件、基础设施及治理举措四个方面进行阐述。人文环境部分主要论述乡村人文环境存在的问题及原因,并提出治理举措。

(三)乡村文化生态

乡村文化生态部分主要从乡土文化的传承与创新,乡风民俗的现状与治理,以及文化自信与村落精神几个方面进行阐述。

（四）乡村教育生态

乡村教育生态部分主要对乡村学校教育以及乡村家庭教育的生态现状进行调查分析。其中乡村学校教育面临着乡村学校、乡村教师、课程教学的生态失衡；乡村家庭教育面临着生态结构失衡、指导生态失衡，以及家长流动外出造成的留守儿童教育缺位的问题。

（五）乡村基层政治生态

乡村基层政治生态部分主要对基层内部组织建设现状和基层外部治理行为现状进行调查分析。在基层内部组织建设方面，主要论述乡村组织的运行机制和基层民主；在基层外部治理行为方面，主要论述乡村脱贫攻坚政策以及乡村公共服务措施在地方的实施。

（六）乡村可持续产业生态

乡村可持续产业生态部分主要论述乡村特色农业发展、农产品加工企业链建构、新兴产业发展、劳动力转移及创新产业发展。

四、研究思路及方法

（一）研究思路

第一，选取样本对象。首先，分地区选取山西省朔州市、长治市、忻州市、晋城市、晋中市、临汾市、吕梁市、运城市的典型乡村。第一类选取煤矿等厂矿所在的资源型乡村;第二类选取人口流动比较多、留守儿童较多的乡村;第三类选取发展乡村绿色生态旅游的乡村;第四类选取铺张浪费、迷信、赌博等不良乡风民俗聚集的乡村;第五类选取学校撤并之后教育凋敝的偏远乡村;第六类选取发展生态农业的特色乡村。然后,分人群选取问卷调查和访谈对象。问卷调查对象主要为年龄在 30 岁至 60 岁的村民,尽量选择外出打工者、贫困户或有孩子上学的家长,调研时由调研人员现场指导他们填写问卷。访谈对象主要是乡镇干部、村干部、校长、教师和部分家长(义务教育阶段的学生家长)和村民等(寻找特殊群体,如陪读妈妈、留守妇女、空巢老人等)。

第二,确定调研工具。样本对象确定后,确定调研工具,编制“绿水青山就是金山银山:乡村生态治理路径研究调查问卷”以及针对不同访谈对象的访谈提纲,制作文本清单。

第三,实施调研。分组深入样本地进行田野调查,了解当地现有人口及人口流动状况、产业发展情况、传统文化、教育及生态环境等内容。除了通过当地政府部门搜集相应数据资料外,向乡村里的知识分子及常住老人了解乡村发展史,并深入当地学校及家庭中,以量化研究和质性研究相结合的研究方法,对乡村样本生态现状及治理情况进行全面了解。

第四,整理数据,统计与分析。回收和整理发放的问卷,使用 SPSS、Excel 等软件进行数据统计与分析。整理访谈录音,分地区、分内容、分人群制作访谈整理表,并筛选典型案例整理成案例库。

(二)研究方法

方法一:田野调查法。不带任何主观判断和假设进入研究现场,通过访谈、观察及现场搜集文献资料等方式,获取研究所需的一切数据和资料。主要访谈样本乡村所属县、镇一级的相关行政负责人,并争取得到乡村发展各类数据和政策文献。进入样本乡村，访谈村干部及当地文化人士，了解乡村实际发展状况和生态治理举措，并深入乡村观察记录。

方法二：案例研究法。本研究需要一些典型案例作为论据，案例分为正面案例和反面案例两种，建立山西省乡村生态治理典型案例库，辅之以典型个案研究。

方法三：问卷调查法。编制“绿水青山就是金山银山：乡村生态治理路径研究调查问卷”，调查问卷由两大部分构成：第一部分主要包括性别、年龄、职业、政治面貌、文化程度等基本信息；第二部分主要包括环保、教育文化和扶贫等问题。

第一章　生态文明理论阐释

一、生态文明的理论与实践述评

生态文明是人类在保护和建设生态环境过程中所取得的全部成果的总和，是人与自然和谐共存、协调发展的良好状态。面对当前愈发窘迫的生态环境问题，如何有效实现自然、人与社会三者协同发展，成为有效推进当代社会生态文明建设必须面对并亟须解决的重要问题。

（一）生态文明理论的兴起与发展

当下全球生态环境不断恶化，社会各界对生态文明的关注度与日俱增，提出了可持续发展理论、“两山”理念等有关生态文明建设的重要论述。

1. 生态文明概念的提出

1866 年厄恩斯特·海克尔提出了“生态”的科学概念。① 同年，费尔菲尔德·奥斯本和威廉·沃格特都在大声疾呼，人类只不过是生态系统中的一环，其

① 利奥波多. 沙乡年鉴[M]. 姚锦铭，译. 北京：商务印书馆，2019：20.

生存依赖大的生态系统环境,如果肆意破坏自然,最终将会毁灭人类自己。海洋植物生态学家蕾切尔·卡尔森1962年通过实地调查,揭示了人类滥用海洋杀虫剂的巨大危害,她严厉抨击美国通过技术手段破坏环境换取经济快速增长的做法。[①] 她的研究深深地唤醒了现代人的社会生态环境保护意识,并对美国政府的经济决策产生了影响。1969年,美国国会正式通过《国家环境政策法》,1970年,美国国家环境保护局正式成立。20世纪60年代以后,生态科学与其他学科不断交叉融合形成许多新的生态理论,可持续发展理论就是其中之一。1972年,美国微生物学家勒内·杜博斯和英国经济学家芭芭拉·沃德分别研究了不同国家国民经济快速增长对环境造成污染的差别。[②] 同年,罗马俱乐部呼吁人类在生态环境可承受的范围内,使经济实现可持续增长。[③] 1980年,可持续发展作为一个明确的概念出现在《世界自然资源保护大纲》中。1987年世界环境与发展委员会在《我们共同的未来》中首次将可持续发展定义为,既能满足当代人的需要又不对后代人满足其需要的能力构成危害的发展。1995年美国生态文明专家罗伊·莫里森首次对"生态文明"进行清晰定义。

改革开放以来,我国一直十分重视社会生态环境的保护建设,并不断努力探索国民经济与社会生态环境协调可持续发展的新道路。1978年9月通过的《中华人民共和国宪法》,首次将国家保护环境和自然资源,防治污染和其他公害写进宪法,1983年第二次全国环境保护会议把资源保护列为我国必须长期坚持的一项基本国策,进一步提高了生态环境的地位,体现了国家对生态文明的重视。[④] 2007年党的十七大首次提出建设生态文明。2012年党的十八大将生

---

① 卡尔森.寂静的春天[M].辛红娟,译.南京:译林出版社,2018:110.

② 沃德,杜博斯.只有一个地球:对一个小小行星的关怀和维护[M].《国外公害丛书》编委会,译校.长春:吉林人民出版社,1997:25.

③ 米都斯,等.增长的极限:罗马俱乐部关于人类困境的研究报告[M].李宝恒,译.长春:吉林人民出版社,1997:189.

④ 燕连福,周祎.70年来我国生态文明建设的回顾与展望[N].西安日报,2019-10-22(007).

态文明建设纳入中国特色社会主义"五位一体"总体布局,开启了社会主义生态文明建设的新时代。党的十八届三中全会明确提出"建立系统完整的生态文明制度体系",标志着我国生态文明建设已经进入从思想理念到立法制度的新发展阶段。①

自党的十七大提出建设生态文明之后,学术界对生态文明的研究从未停止,笔者通过查阅文献,将学者们对生态文明的定义概括为以下两点。②

(1)从人类文明发展的角度来定义生态文明

首先,需要明确的问题是,人类文明发展经历了从原始文明到农业文明再到工业文明三个发展阶段,这一观点在学术界已经基本形成共识。但自生态文明概念提出后,学者们对生态文明与工业文明的关系有很大的分歧。

第一种观点认为我国的生态文明建设是工业文明在新时代发展的重要延续,其本质上与工业文明处于同一时代。陈昌曙先生在《哲学视野中的可持续发展》这本书中明确指出,传统生态人类文明应该是以传统工业现代文明为主要基础的,人类未来文明的新生态内容和新生态特征应该是传统生态人类文明,未来的生态人类文明应该是传统生态现代文明和传统工业现代文明的完美联合。③

第二种观点则认为,生态文明时代是随着人类文明文化不断发展的一个新时代,是文明发展的新阶段。如中山大学的申曙光教授认为,生态文明主要是指继工业文明之后再次出现的,一种可以弥补前几种文明的消极后果和负面效应的文明,是一种更积极、更完善的促进人类更好地向前发展的文明。④

(2)从人与自然的关系的角度来定义生态文明

目前学者们大多是从人与自然的关系这一角度来论述生态文明这一概念

① 秦凤梅,曹渊渤.国内生态文明制度建设研究综述[J].理论研讨,2019(4):21-24.
② 毛明芳.生态文明的内涵、特征与地位[J].中国浦东干部学院学报,2010(5):94-98.
③ 陈昌曙.哲学视野中的可持续发展[M].北京:中国社会科学出版社,2000:25.
④ 申曙光.生态文明及其理论与现实基础[J].哲学动态,1994(10):39-40.

的,主要有以下几种观点。

第一种观点从思想观念层面入手,对于生态文明的关注主要落脚在观念层面。例如王如松就指出生态文明其实可泛指具有天人关系的自然文明,是一种进步的状态。① 第二种观点将对生态文明的关注落脚于行动,认为生态文明与社会生态环境保护发展关系密切,并且坚持保护社会生态环境是基本前提,应在协调发展和保护改善社会生态环境的基础上,实现社会、人与自然协调均衡发展。② 第三种观点将观念与行动相结合,这一观点目前在学界得到的赞同最多。姜春元认为,生态文明是人与自然和谐发展的标志,也是人类社会进入新时代的标志,是现代知识经济、生态经济和人力资本经济相互交融的文明。③

综合以上各种观点,不难发现,有关生态文明的概念,学界对其进行了深入探究及论述,但目前仍旧没有达成共识。不可否认的是,生态文明的精神命脉就是力图解决人类发展过程中的种种矛盾,从而达到人、自然、社会的融洽发展。

2. 生态文明与其他学科的结合——可持续发展理论的发展

生态文明理论是可持续发展理论的精神命脉,是打开环保新格局的必然选择,可持续发展理论是在结合我国的具体国情以及深刻把握社会未来发展方向的基础上提出来的,力求在经济发展和环境保护之间取得合理的平衡。

进入21世纪,环境污染、资源短缺问题日益突出,如何调节人与环境之间的矛盾,改善环境,缓解资源紧缺问题成为全球人民共同关注的问题。可持续发展理论是根据21世纪的全球生态现状而提出的可操作的治理策略。1994年联合国环境与发展大会通过的《中国21世纪议程——中国21世纪人口、环境

---

① 王如松.奏响中国建设生态文明的新乐章[J].环境保护,2007(11):38-40.

② 姬振海.生态文明论[M].北京:人民出版社,2007:158.

③ 姜春云.跨入生态文明新时代:关于生态文明建设若干问题的探讨[J].求是,2008(21):19-24.

与发展白皮书》，是中国实施可持续发展战略的行动纲领，对中国21世纪的生态发展作出了规划与展望。该议程指出，可持续发展的重要标志之一是自然资源的永续节约使用与地区生态环境的持续改进。可持续发展理论是在生态文明理论的基础上衍生出来的，与生态文明理论一脉相承，它更符合中国的实际情况，是解决当下问题的现实性策略，进入新时代，我国坚持贯彻可持续发展战略，取得了可喜的成效。

3."两山"理念的提出——现代生态文明绿色发展模式初探

"绿水青山"是人们赖以生存的外部自然环境，"金山银山"指人们生存和发展不可或缺的物质条件。"两山"理念的核心是始终坚持生态优先，把环境建设摆在首位，帮助我们彻底解决经济发展与生态保护之间难以平衡的问题。"两山"理念既是中国向全世界发出的绿色宣言，也是中国为全球可持续发展作出的重要贡献。

（二）现代生态文明建设的困境与突破

1.我国现代生态文明建设的困境

生态文明建设仍然是一项复杂的系统工程，虽然目前我国生态文明建设已取得显著成效，但仍然面临诸多治理困境，即经济治理困境、政治治理困境、文化教育困境、社会治理困境。

（1）经济治理困境

经济治理困境主要表现在短期内难以改变粗放型经济增长方式。喻包庆指出,资源的匮乏最终会阻碍经济的发展。[①] 刘晶指出,很多企业在考虑整体利益发展时并未将生态环境保护放在重要位置。[②]

(2)政治治理困境

目前,我国生态文明建设仍不同程度存在体制不完善的问题。有研究者认为我国政府在生态文明建设中起着重要作用,但在实际运行过程中,行政资源和行政决策方面都面临着不同程度的困境,不仅限制市场主体和社会主体发挥作用,而且会导致成本过高。[③]

有关生态文明建设的法律法规尚待完善。有研究者指出,在立法方面,欠缺完整的有关生态文明建设的法律法规,且现有的法律条文对于生态环境的规范存在滞后性。[④] 在执法力度方面,一些地区监管不严,导致生态环境破坏严重。

(3)文化教育困境

文化教育困境主要指生态文明建设方面的困境,主要包括两个方面:一方面是生态意识淡薄;一方面是生态文明教育缺失。

王湘云指出,生态意识淡薄是当前我国开展生态文明教育建设所面临的主要发展困境。[⑤] 大部分人对于建设生态文明的认知局限于逃避惩罚和拒绝承担责任。生态文明公众参与度、生态系统服务等关键词仅仅停留在理论层次,欠缺实践操作。

最近十年生态文明素质教育在各个学段的教育教学内容改革中已经着力

---

① 喻包庆. 当代中国生态文明建设的困境及其解决路径:基于人与自然关系的视角[J]. 探索,2013(6):179-183.

② 刘晶. 生态文明建设的总体性与复杂性:从多中心场域困境走向总体性治理[J]. 社会主义研究,2014(6):31-41.

③ 卢洪友,许文立. 中国生态文明建设的"政府-市场-社会"机制探析[J]. 财政研究,2015(11):64-69.

④ 秦书生,王旭. 把生态文明建设融入政治建设探析[J]. 中共天津市委党校学报,2015(5):46-51.

⑤ 王湘云. 论我国生态文明建设中存在的问题及对策研究[J]. 生态经济,2014(6):35-40.

体现。在教育界专家学者的积极倡导下，我国对青少年的生态文明教育已经明显增强。但生态文明教育绝不仅限于学生，其教育对象应当进一步扩大。

（4）社会治理困境

社会治理困境主要表现为环保性社会组织发展缓慢。刘晶指出，环保组织发展存在的问题包括组织能力薄弱、缺乏资金支持、缺少筹资渠道、公众认可度低。[①] 环保组织在发展过程中需要资金、技术等方面的支持，但是大多数环保组织影响力极其微弱，社会认同感也比较低，很难获得足够的资金支撑，经常面临资金短缺的压力。[②]

2. 现代生态文明建设困境的突破

党的十九大报告全面明确阐述了加快生态文明体制改革，建设美丽中国的部署。报告指出："生态文明建设功在当代、利在千秋。我们要牢固树立社会主义生态文明观，推动形成人与自然和谐发展现代化建设新格局，为保护生态环境作出我们这代人的努力！"[③]党的十九大报告为未来中国阶段性推进国家生态社会文明体系建设和实施绿色发展战略规划了总体路线图。

（1）推进制度建设，完善法治体系

建设良好的生态环境必须推进制度和法治建设，推进生态文明建设的顶层设计，着力推动我国农业现代化和生态文明的健康发展。当前，我国生态文明统一规范尚未建立，缺乏完善的生态文明法治体系，企业和个人没有牢固树立保护环境生态的观念，由此导致市场主体对环境保护的力度并不一致，并未从根本上为生态文明的发展作出努力。因此，必须形成国家和地方统一的生态文

① 刘晶．生态文明建设的总体性与复杂性：从多中心场域困境走向总体性治理［J］．社会主义研究，2014(6)：31－41.

② 刘月．我国生态文明建设的困境及应对策略研究［D］．保定：河北大学，2018：35.

③ 习近平．决胜全面建成小康社会　夺取新时代中国特色社会主义伟大胜利：在中国共产党第十九次全国代表大会上的报告［M］．北京：人民出版社，2017：52.

明行政及管理制度,为全社会生态改善树立良好的制度标杆;必须健全生态文明法治体系,对生态文明建设的各个层面作出明确规定,对于覆盖不够全面的规章制度,应立即加以修改完善。

(2)推进生态文明修复,强化生态系统服务

推进生态文明修复的目的,是对被人类破坏的环境作出补偿,将破坏程度和广度降到最低,为子孙后代留下更多的生存空间。山西省面临的土地生态问题就是土地荒漠化。截至2017年6月,山西省荒漠化潜在发生气候区范围总面积3280.39万亩(约合218.69万公顷)。面对如此严峻的现实,山西省在发展过程中重视对生态环境的修复,同时强化生态补偿机制,使破坏者和保护者之间有一个公平的分配,给保护者带来一定的经济效益,从而提升生态系统服务功能。

(3)重塑生态价值导向,提升公众参与能力

现代生态文明建设,是一项需要人人添砖加瓦的庞大工程。目前,我国仍然存在对生态文明的价值认识不清,盲目追求经济效益的现象。通过对山西省10市11校的调研发现,基层干部对生态保护的目的较为清楚,对生态保护持支持态度,但大部分村民对生态建设仍然停留在害怕接受惩罚的阶段,未形成一个清晰的生态文明伦理观念。生态文明制度实施的过程中,应采取多种多样的宣传手段,对不同群体进行不同类型的教育,形成正确的舆论价值导向。

进入21世纪以来,我国一直处于直面生态文明问题的阶段,生态文明建设尚处于深化推进阶段,也取得了阶段性的成果。生态文明问题是关乎全体人民福祉、祖国长远发展的大问题,建设生态文明是中华民族永续发展的千年大计。

二、"两山"理念阐释

习近平指出:"我们既要绿水青山,也要金山银山。宁要绿水青山,不要金

山银山,而且绿水青山就是金山银山。”[①]这一科学论断,即“两山”理念,清晰阐明了“绿水青山”与“金山银山”之间的关系,强调“绿水青山就是金山银山”的价值理念,对于新时代加强社会主义生态文明建设,满足人民日益增长的优美生态环境需要,建设美丽中国具有重要而深远的意义。本部分将从“两山”理念的理论渊源、理论内涵以及“两山”理念在国家治理体系中的运用三方面展开,深入探究“两山”理念在理论层面的深度和实践层面的广度。

(一)“两山”理念的理论渊源

“两山”理念汲取了中华民族优秀传统文化中人与自然的关系、节约自然资源和保护环境的智慧,是马克思主义理论指导中国生态文明实践的最新理论成果,是对马克思主义生态文明观的具体化和进一步发展,最终的价值落脚于人类命运共同体,为全球生态环境的治理提供了借鉴。

1. 文化根基:中华民族优秀传统文化

(1)关于人与自然关系的论述

纵观中华民族上下五千年的文明,有关人与自然关系的论述比比皆是。早在春秋战国时期,《论语》记载:“子钓而不纲,弋不射宿。”这说明孔子对大自然心存仁爱,主张采用合理的方式与大自然和谐相处。庄子在《齐物论》中说:“天地与我并生,而万物与我为一。”这句话意为,天地与人类共生共存,万物与人类合二为一。再如我们熟知的道家传统思想:“人法地,地法天,天法道,道法自然。”说明了人、地、天、道与自然的关系,以人为首,最后回归到自然,指明了万物都要遵循事物自身的规律去运行。《中庸》在人如何对待自然万物方面,指出“赞天地之化育”。这句话更加明确地表明了人与天地即人与大自然要互帮互

① 中共中央宣传部.习近平总书记系列重要讲话读本[M].学习出版社,2014:120.

助,携手同行,这样才能促进双方的共同成长。从古至今,关于人与自然论述的观点很多,无一不告诉人类,人与自然是共生共灭的,人类应当与自然和谐相处。

(2)关于节约自然资源的论述

古人关于节约自然资源的论述,最早起始于商朝的商汤。据《史记·殷本纪》记载:“汤出,见野张网四面,祝曰:‘自天下四方,皆入吾网!’汤曰:‘嘻,尽之矣!’乃去其三面。”这初步体现出商汤对大自然的仁爱之心。到战国末期,有关节约资源的思想已经盛行开来。关于节约自然资源,荀子多次都有所提及,并且对自然资源的保护,有一套自己的理论。如《荀子·王制》中:“草木荣华滋硕之时,则斧斤不入山林,不夭其生,不绝其长也;鼋鼍鱼鳖、鳅鳝孕别之时,网罟毒药不入泽,不夭其生,不绝其长也……故山林不童而百姓有余材也。”荀子认为要尊重自然界动植物生长的客观规律,切勿在它们的生长期去伤害它们,要珍爱一花一草一木,不过度索取。

(3)关于保护环境的论述

关于保护环境,古人亦有许多论述,甚至很多朝代都颁布过相关法令。周朝的《伐崇令》是最早的有关环境保护的法令,该法令中记载“毋坏屋,毋填井,毋伐树木,毋动六畜,有不如令者,死无赦”,禁止随意砍伐树木和屠宰牲畜。在商代有法条:“殷之法,弃灰于道者断其手。”这表明了商代对保护生活环境已经有了相应的制度。唐朝的《唐律疏议》也提出:“其穿垣出秽污者,杖六十;出水者,勿论。主司不禁,与同罪。疏议曰:具有穿穴垣墙,以出秽污之物于街巷,杖六十。直出水者,无罪。主司不禁,与同罪。谓‘侵巷街’以下,主司合并禁约,不禁者与犯人同坐。”这段话从制度管理的角度揭示出破坏环境的行为与管理者职责的履行有密切关系。习近平的生态文明思想既有现代生态科学基础,又有深厚传统文化底蕴,是对马克思主义生态文明观的发展。

2. 哲学底蕴:马克思主义生态文明观

(1)“两山”理念是马克思主义生态文明观的具体化

马克思主义生态文明观坚持人与自然和谐统一以及二者辩证统一的关系。马克思指出人要依靠自然界生活,人的发展离不开自然界。如果人类离开了自然界,不遵循自然界的客观规律,必然也会受到相应的惩罚。恩格斯对此曾指出:“我们不要过分陶醉于我们人类对自然界的胜利。对于每一次这样的胜利,自然界都对我们进行报复。每一次胜利,起初确实取得了我们预期的结果,但是往后和再往后却发生完全不同的、出乎预料的影响,常常把最初的结果又消除了。”①当然自然界的发展也需要人类。人们对自然界认识水平的提高有利于自然界维持良好的生态环境。因此,人与自然有着密切的联系,二者一同发展、辩证统一。在人与自然的关系中,比较关键的是实践。人的实践存在于自然界中,通过实践,将人和自然统一在一起。“两山”理念正是对马克思主义生态文明观的具体阐释。

(2)“两山”理念是对马克思主义生态文明观的发展

首先,“两山”理念将保护生态和发展生产力相统一,基于人与自然和谐相处的理论提出“绿水青山就是金山银山”,是对马克思主义致力于实现人与自然的关系和人与人的关系和谐发展的进一步发展。

其次,在人与自然辩证关系的基础上,“两山”理念进一步指明了“宁要绿水青山,不要金山银山”的生态底线。

“两山”理念以中国特色的理念与发展实践,创造性地发展了马克思主义生态文明观,赋予马克思主义生态文明理论以鲜明的时代内涵和丰富的价值内涵。

---

① 恩格斯. 自然辩证法[M]//中共中央马克思恩格斯列宁斯大林著作编译局. 马克思恩格斯选集:第3卷. 北京:人民出版社,2012:998.

3.价值落点：共筑人类命运共同体

马克思共同体思想是马克思政治哲学的重要组成部分，马克思将共同体分为“自然共同体”“虚幻共同体”“真正共同体”三种形式，并在唯物史观的基础上指出随着生产力的高度发展，虚幻的共同体终将会被真正的共同体所取代。① 马克思认为，只有在真实共同体中，个体与个体、个体与群体、群体与群体、整个群体内部才能真正实现和谐统一，个体才能获得真正自由而全面的发展。人类命运共同体思想是马克思共同体思想的理论逻辑和人类社会发展的实践逻辑的有机统一。“两山”理念致力于推动人类命运共同体的建设，从“山水林田湖草是生命共同体”到“人类命运共同体”，这两个共同体的理念既有先后顺序，也有递进关系。

（二）“两山”理念的理论内涵

“两山”理念的理论内涵立足于生态与生产的辩证发展关系，将自然生态与社会生产有机统一，引导人类社会对大自然怀有敬畏感，最终达到人与大自然和谐共生的一种状态。

1.“两山”理念的辩证发展

(1)用绿水青山去换金山银山

新中国成立之初，国际国内局势错综复杂，党和人民面临着严峻的挑战。当时国家财政经济极为困难，恢复和发展国民经济，成为当务之急。为了促进社会经济发展，我国必须提高生产力。因此，人们大力开采自然资源，挖掘一切

---

① 肖晞，贾磊.人类命运共同体：马克思共同体思想的继承与发展[J].中国浦东干部学院学报，2020，14(04)：30－37，29.

可利用的自然资源，以供经济发展所需，不考虑或者很少考虑自然的承载力。

(2)既要金山银山，但是也要保住绿水青山

随着改革开放的逐步深入，我国经济得到了空前的发展，但也付出了沉重的环境代价。大气污染、水污染、土壤污染严重，这让人们意识到粗放型经济增长方式的劣势，认识到社会的发展应建立在良好的生态环境之上，既要金山银山，也要保住绿水青山。

(3)绿水青山可以源源不断地带来金山银山，绿水青山就是金山银山

随着生态文明理念的提出和多地生态文明建设的实践，人们对生态环境有了更深层次的理解。人们认识到"绿水青山"是无价的，"绿水青山"本身就蕴藏着巨大的生态价值和经济价值。它的生态价值在于其本身所具有的生态资源，它的经济价值在于巨大的生态资源可以转化为强有力的生产动力，优良的生态环境质量本身就可以带来巨大的经济价值，促进物质资源的持续流动。

2."两山"理念的生态系统观

生态是一种强调平衡稳定的有机系统，与人类的日常生活紧密相关。人们平时的生产生活行为，都要在和谐稳定的生态系统中进行。对此，2013 年 11 月，在党的十八届三中全会上，习近平深刻揭示了这种"天人合一"的生态关系："我们要认识到山水林田湖是一个生命共同体，人的命脉在田，田的命脉在水，水的命脉在山，山的命脉在土，土的命脉在树。"①

(1)人与自然和谐相处

马克思主义自然观强调劳动的重要性，劳动作为一种物质资料的生产方式，蕴含着人与自然的关系。这种人与自然的关系构成了生命共同体，合力推动着人类向前发展。因此必须顺应、尊重、保护自然。我们只有更加重视生态

① 《十八大以来治国理政新成就》编写组.十八大以来治国理政新成就：下册[M].北京：人民出版社，2017：863.

环境这一生产力要素,更加尊重自然生态的发展规律,保护和利用好生态环境,才能更好地发展生产力,在更高层次上实现人与自然的和谐。

生态环境是关系民生的重大问题,为实现人民群众所想所盼,必须积极开展生态文明建设,改善生态环境。

(2)人与自然的共生关系

习近平同志指出:“人因自然而生,人与自然是一种共生关系,对自然的伤害最终会伤及人类自身。”①一方面,人类的生存依赖大自然,从四大文明古国的发源地都依山傍水,到今天人们各种生产生活的有序进行,无不显示出自然界的重要作用。另一方面,自然的稳定也离不开人类。人类的出现赋予自然界社会属性,自然界的持续稳定需要依靠人类的自觉维护,人类的活动对自然界有重要影响。

为了让人民群众共享美好生态环境带来的成果和优势,人类必须深刻认识生态环境和人类活动之间的关系。人类的日常生产生活依赖大自然,人类能从大自然中汲取人类所需的物质资源,并通过生产改造,使大自然的原始资料为人类所用。但在发展经济的过程中,也要尊重和保护“绿水青山”,只有如此,人类才能常享自然之美、生命之美、生活之美。

正如习近平同志所言:“要像保护眼睛一样保护生态环境,像对待生命一样对待生态环境,把不损害生态环境作为发展的底线。”②这就是说生态环境对人类来说,好比眼睛和生命,如果人们不保护好自己的眼睛,不珍惜自己的生命,后果可想而知。因此,必须杜绝一切不合理的人类生产、生活行为,不片面追求经济发展而破坏人类美丽的家园。

---

① 中共中央宣传部.习近平总书记系列重要讲话读本[M].北京:学习出版社,2016:134.

② 中共中央宣传部.习近平总书记系列重要讲话读本[M].北京:学习出版社,2016:233.

3.“两山”理念的敬畏自然观

(1)生态兴则文明兴,生态衰则文明衰

“两山”理念从唯物史观出发,指出“生态兴则文明兴,生态衰则文明衰”①。回溯历史,可以发现,我们的祖先依山傍水,在黄河流域和长江流域创造了辉煌的中华文明,这与当时良好的生态环境密切相关;而当今黄土高原的水土流失、沿海地区的洪涝灾害、山林深处的火灾旱灾也与生态环境被破坏有关。由此可见,保护自然,就是在保护我们自己。

(2)全球生态环境恶化呼吁敬畏自然

随着科技的发展,全球交往日益密切,世界经济整体繁荣发展,人类世界的联系越来越密切,但也对生态系统造成了破坏。当前全球变暖、海平面上升、臭氧空洞等环境问题一直都在威胁着人类,人类在地球上的每一次活动都会留下印记,就如某地的蝴蝶扇动几下翅膀,可能会使另一地发生飓风。因此,我们要敬畏自然,尊重客观规律,共建人类命运共同体。

4.“两山”理念的民生福祉观

良好生态环境是最公平的公共产品,是最普惠的民生福祉。当前城市废水排放、工业大气污染,乡村垃圾堆放、植被破坏等突出的环境问题,已经严重影响到人们的日常生产生活。党和政府已经意识到问题的严重性,正在竭尽全力切实解决环境问题。同时,我国社会主要矛盾已经转变为人民日益增长的美好生活需要与不平衡不充分的发展之间的矛盾。人民的美好生活与良好的生态环境息息相关。大力推进生态文明建设,改善生态环境,提供更多优质的生态产品,才能满足人民群众之所想、所盼、所急。因此,在党领导人民建立美丽家园的同时,每一个公民都应该尽职尽责,转变落后观念,树立新的生态文明观,

---

① 中共中央宣传部. 习近平总书记系列重要讲话读本[M]. 北京:学习出版社,2014:121.

提高自己的生态意识,从行动上努力践行绿色环保理念,将绿色环保理念具体落实到生活的方方面面。

(三)“两山”理念的国家治理体系论

“两山”理念的国家治理体系奠基于生态、经济、民生三维治理,着眼于全球的生态环境治理,最终植根于我国的国家治理体系中。

1. 生态、经济、民生三维生态治理观

“两山”理念深刻地揭示了生态、经济、民生三者之间的重要关系。“两山”理念不是单纯地就生态问题而论生态问题,而是将生态的保护与当前社会经济的发展还有人民幸福美好生活的实现三者有机结合起来,协调生态与经济、人与自然的关系,实现可持续发展与人的全面发展。

(1)生态是“两山”理念的逻辑渊源

人与自然是生命共同体,二者密不可分,人类必须尊重自然、顺应自然、保护自然。近年来,国家颁布了许多有关生态环境改善和治理的政策,通过改善生态环境,为人们提供最公平、最普遍的民生福祉。同时,生态环境的改善极大地提高了人民的幸福感和安全感。除此之外,我国通过推进生态环境建设摸索出许多有效的环境治理经验,并且将这些治理经验推向国际,推动全世界生态环境向更好的方向发展,让各国人民享受更美好的生态环境。

(2)经济是“两山”理念的实践场域

习近平生态文明思想植根于科学的经济理念。从“两山”理念可以看出,生态生产力不仅包括最初的“绿水青山”自然力,还包括“金山银山”社会生产力。在人与自然界互动过程中,人类的主体地位没有消失,自然界的资源也没有遭到破坏,二者实现了良好的双向互动。“两山”理念发源于浙江省,也最早实践于浙江省,并引领浙江省走向生态浙江、美丽浙江。基于在浙江省的成功示范,

习近平提出将浙江省作为建设美丽中国的绿色窗口，推动其他地区的绿色建设。

(3)民生是“两山”理念的价值归宿

“两山”理念的最终目的是要打造世代永续的美好环境。中国共产党始终牢记初心、不忘使命，坚持以人为本，争取最大限度满足人民日益增长的美好生活需要。人类的一切都属于自然，脱离了自然，人类将无法生存。自然界也需要人类，没有人类这个大家族，自然界只能是原始的存在物。由此可见，人类与自然界是息息相关的。“两山”理念就是着眼于长远来看待自然界与人类的关系，追求持久的生态平衡，回应人民对美好生活的需要，是功在当下、利在千秋的长远之计，也是追求青山绿水环绕的长期愿景。

2. 贡献“中国智慧”的全球生态治理观

在当前的国际背景下，一方面，中国不断以自己先进成熟的理念和成功的实践经验指导着本国的发展；另一方面，中国也为世界贡献着自己的智慧。在生态环境保护方面，西方的生态环境理念日益衰落，相关国家不但难以解决自身发展问题，对世界生态环境更是无暇顾及，而中国正在积极探索完善全球治理的先进理念和方案，推动全球生态环境的改善。

“两山”理念运用科学的方法全面地论证了“绿水青山”和“金山银山”的辩证关系，二者是相互依存、相互转化的。“两山”理念的提出有着深刻的实践基础，不仅指导着美丽中国的建设，而且对构建人类命运共同体发挥着巨大的作用。这一理念深刻地认识到生态环境的治理需要全人类的努力，这为世界各国的生态治理提供了坚实的理论支撑。

3. 建立健全生态治理保障机制的顶层设计观

党的十九大报告中提出，到2035年：“生态环境根本好转，美丽中国目标基本实现。”[①]为了实现这一目标，中国必须加强生态文明建设的顶层设计：“只有实行最严格的制度、最严密的法治，才能为生态文明建设提供可靠保障。”[②]

制度具有全局性和系统性的特点，关乎国家整体发展，是一个国家全方位发展的基础和前提，具有“牵一发而动全身”的重要属性。制度的上传下达以及顺利实施需要法律法规的具体部署，因此，“两山”理念的顺利落实和生态环境的良好发展，需要国家从法治和制度两方面着手进行。

（1）推动生态治理体系法治化

党的十八大以来，党中央强调要坚持和完善中国特色社会主义法治体系，提高党依法治国、依法执政能力。[③] 生态环境治理是国家治理体系现代化的重要组成部分，生态环境法治也是国家生态环境治理现代化的重要支柱。建设生态文明，必须利用严格的法律和条例作为生态治理的保障机制，坚持依法治国的方略，将科学立法、严格执法、公正司法、全民守法纳入生态环境治理的各个环节。

（2）推动生态治理能力制度化

最严格的制度对生态治理至关重要。[④] 习近平指出：“只有实行最严格的制度、最严密的法治，才能为生态文明建设提供可靠保障。”[⑤]推动生态治理能力的法治化，首先要进行生态文明制度的创新，制度是基础和先导。纵观以往的生态文明制度，有很大一部分缺乏明确的法理依据和市场定位，相关的政策法规未能充分发挥政策的引领作用，在发挥整体性方面有所欠缺，因此还需结合不同领域、不同地区的实际情况进行生态文明制度的创新。其次，生态文明的建

① 习近平. 决胜全面建成小康社会 夺取新时代中国特色社会主义伟大胜利：在中国共产党第十九次全国代表大会上的报告[M]，北京：人民出版社，2017：28.

② 习近平. 习近平谈治国理政[M]. 北京：外文出版社，2014：210.

③ 中共中央关于坚持和完善中国特色社会主义制度推进国家治理体系和治理能力现代化若干重大问题的决定[N]. 人民日报，2019－11－06(001).

④ 中共中央宣传部. 习近平新时代中国特色社会主义思想三十讲[M]. 北京：学习出版社，2018：249.

⑤ 中共中央宣传部. 习近平总书记系列重要讲话读本[M]. 北京：学习出版社，2016：240.

设需要考核制度进一步规范成熟。在生态文明建设的考核过程中,要注重考核主体的多元化、考核内容的丰富化、考核形式的规范化。最后,生态文明建设需要多方主体齐心协力,从上至下各级主体部门需明确职责。领导干部应进一步明确其生态责任,强化自身对生态保护的责任意识。① 广大人民群众则需要转变生活方式和消费方式,自觉形成绿色低碳的生活方式。

① 钭利珍,顾金喜. 习近平“两山”思想的逻辑体系及其当代价值[J]. 中共天津市委党校学报,2018,20(01):38 -44.

第二章　改革开放以来乡村生态及治理流变

一、改革开放以来乡村生态的历史流变

改革开放以来,我国经济得到飞速发展,但一系列生态环境问题出现。在环境治理方面,这四十多年来,我国由过去单纯的“三废”治理转为生态文明建设,环境治理理念的改变推进了国家生态环境保护管理体制的变革。乡村发展和振兴受限于地理位置、经济状况、人口等现实因素,生态环境的破坏更使其在发展中呈现出前所未有的困境。

我们党一贯高度重视生态文明建设。20 世纪 80 年代初,我们就把保护环境作为基本国策。进入新世纪,又把节约资源作为基本国策。多年来,我们大力推进生态环境保护,取得了显著成绩。但是经过四十多年的快速发展、积累下来的生态环境问题日益显现,进入高发频发阶段。这迫切要求改革生态环境保护管理体制,充分发挥体制的活力和效率,为解决生态环境领域的深层次矛盾和问题提供体制保障。党的十八大将生态文明建设纳入“五位一体”总体布局,此后,我国陆续出台了一系列的法律法规和政策,生态环境保护法律建设基本完成。2018 年国务院组建生态环境部,我国的生态环境保护现阶段已经进入新的历史方位,正向美丽中国大步迈进。乡村生态随着国家生态文明理念的完备而愈发受到重视,这使得乡村生态与经济发展两者间的冲突减弱,但是平衡

乡村经济发展与环境保护、农民增收与生活宜居两对矛盾仍是现阶段的当务之急。

本节以改革开放四十余年为时间线，对乡村生态、乡村人口、乡村文化、乡村教育、乡村产业等方面进行分析，揭示改革开放以来乡村生态现状及问题根源，找寻乡村生态发展规律，为建设美丽中国贡献乡村力量。

（一）城镇化进程中乡村自然生态的变化

乡村是农耕文化的载体，在城镇化浪潮中，承载着工业化带来的现代文明的冲击。这个大背景下，乡村生态在资源、生活环境、建筑布局、乡容乡貌、民风等方面都发生了很多变化。在改革开放四十余年以来，我国一直在寻求环境治理方案，新时代的中国正在加快生态文明建设，生态文明时代的到来，是符合时代理念的。20 世纪 80 年代乡镇企业快速发展，乡村生态环境首先受到工业的污染，90 年代农业快速转型增加了农业面源污染及生活性污染等，现通过对乡村工业、农业及生活性污染进行分析，为建设美丽乡村提供可行性思路。

1. 工业快速发展，乡村环境被破坏

改革开放四十余年来，城镇工业的发展，推动了乡村经济的发展。以山西省为例，山西省以煤矿为主的乡镇企业在经济发展中发挥着不可或缺的作用。但这些企业在一开始大多技术落后，是典型的资源消耗型产业，在生产过程中，排放大量工业废水、废气，污染了环境威胁着村民的身体健康。同时，粗放型经济增长方式转型困难也成为限制山西省经济发展速度的重要原因之一。

20 世纪 80 年代，一些耗能高污染行业大批无序地进入乡村。为增加效益，它们多进行联合经营，但经营方式老化，工厂管理人员环境保护意识差，星罗棋布的乡镇企业使“三废”不经处理即被排放，对大气、水和土壤造成污染。污染呈现范围广、受害人群多等特点，加剧了乡村生态环境的恶化。数据显示，乡镇

企业发展方式粗放,乡村经济与乡村环境保护的不均衡发展,更使乡村生态环境雪上加霜。

2. 传统农业转型,农业面源污染增加

20 世纪 90 年代,在传统农业转型的过程中,乡村环境除了受城市工业污染和乡镇企业污染外,由于村民缺乏生态保护意识,水肥不合理施用、农用地膜滥用等,使农业面源污染增加,化肥农药污染、畜禽水产养殖污染和秸秆农膜污染成为主要的农业面源污染。

(1)化肥农药依赖度高造成种植业污染

我国农药产量的提高受益于改革开放,改革开放以来,我国的农药从国外进口到实现自我创新。除此之外,我国农业机械化逐渐推进,从 1981 年到 1995 年,乡村实行家庭联产承包责任制,但是由于城市化程度低,乡村机械化发展慢。从 21 世纪开始,我国城镇化发展迅速,农业机械化从供不应求到现在的生产过剩,中国现在已经是农业机械生产大国。农业产量增长在改革开放早期依赖于化肥农药的使用,到后期逐渐受益于农业机械化,化肥农药的施用量开始下降,如图 2-1 所示。

从图 2-1 可以看出化肥农药的施用量从 2016 年逐年下降,但农作物产量并没有下降趋势。说明农产品生产中对化肥农药的依赖度降低,国家为了更好地治理乡村生态,通过提高农业生产技术,来提高农产品产量和质量。但早期为了提高产量,防治病虫害的危害,化肥农药被滥用,土壤被污染,可持续生产能力降低,生物多样性被破坏,并因水体富营养化给人的健康造成危害,乡村生态遭到了严重破坏。①

① 杜蕙. 农药污染对生态环境的影响及可持续治理对策[J]. 甘肃农业科技,2010(11):24-27.

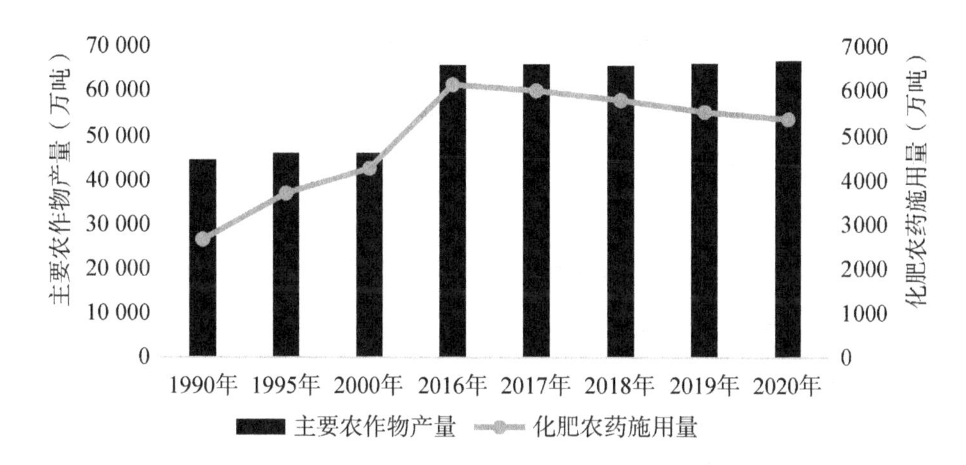

图 2－1　农作物化肥农药施用量

主要农作物产量数据来源：中国统计年鉴分享平台. 中国统计年鉴[EB/OL].(2021－04－30)[2022－02－10]. https://www.yearbookchina.com/navipage－n3022013271000176.html.

化肥农药施用量数据来源：中国统计年鉴分享平台. 中国统计年鉴[EB/OL].(2021－04－30)[2022－02－10]. https://www.yearbookchina.com/navipage－n3022013271000117.html.

(2)畜禽水产养殖业的发展对乡村水资源造成污染

随着畜禽业和水产养殖业的发展，畜禽养殖污粪的排放已经成为乡村主要污染面源之一，每年畜禽粪污产生量约 38 亿吨。① 水产养殖过程中使用大量的养殖药物，对集中养殖区域水环境造成污染。② 第一次和第二次全国污染源普查公告中畜禽水产养殖业水污染排放量数据如图 2－2、图 2－3 所示。

对图 2－2 进行分析，得出畜禽养殖业的化学需氧量、总氮和总磷排放量整体都在下降。③ 畜禽养殖业的主要污染物指标的下降，说明畜禽养殖污染防治

① 中华人民共和国农业农村部. 重点流域农业面源污染综合治理示范工程建设规划(2016—2020 年)的通知[EB/OL].(2017－04－30)[2020－08－12]. http://www.moa.gov.cn/nybgb/2017/dsiqi/201712/t20171230_6133444.htm.

② 郝婧. 农村水环境的生态治理模式与技术探讨[J]. 科技经济导刊,2019,27(13):108.

③ 郭鹏飞. 农业面源污染防治的审计监督研究[J]. 环境保护,2020,48(08):25－29.

工作有明显的进展,但是化学需氧量指标偏高,因此仍需加大治理力度。

对图2-3进行分析,得出水产养殖业的化学需氧量、总氮和总磷排放量整体上升,其中化学需氧量的上升占据主位。说明水产养殖污染防治工作力度不够,致使污染进一步加剧。

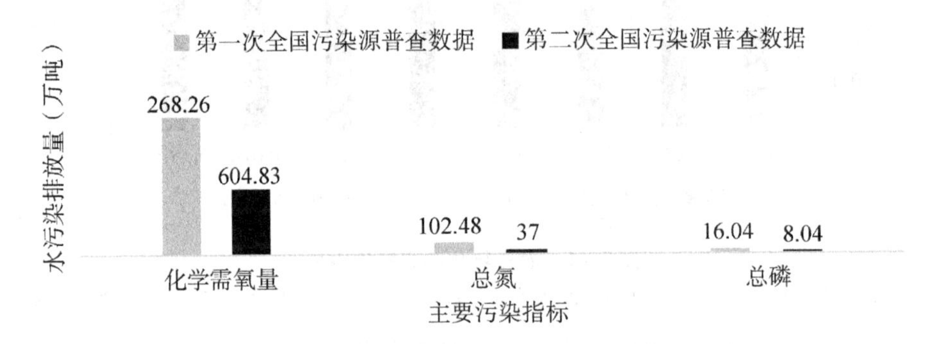

图2-2　畜禽养殖业水污染排放量数据

数据来源:国家统计局.第一次全国污染源普查公报[DB/OL].(2010-02-11)[2022-02-17].http://www.stats.gov.cn/tjsj/tjgb/qttjgb/qgqttjgb/201002/t20100211_30641.html;中华人民共和国生态环境部.第二次全国污染源普查公报[DB/OL].(2010-02-11)[2022-02-17].http://www.mee.gov.cn/xxgk2018/xxgk/xxgk01/202006/t20200610_783547.html.

注:数据修约数位均以数据来源处为准,未补齐。

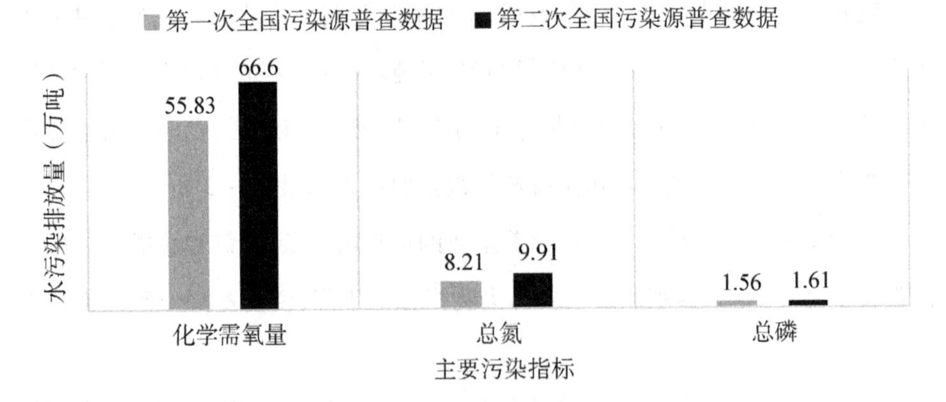

图2-3　水产养殖业水污染排放量数据

数据来源:国家统计局.第一次全国污染源普查公报[DB/OL].(2010-02-11)[2022-02-17].http://www.stats.gov.cn/tjsj/tjgb/qttjgb/ qgqttjgb/201002/ t20100211 _30641.html;

注:数据修约数位均以数据来源处为准,未补齐。

畜禽水产养殖业废水中含有大量病原体，废水中的有机物进入水体会使水体发臭，废水中的大量氮磷等养分，会使浮生生物快速繁殖，切断外界有益营养物质的进入，使水体自净功能难以实现。加之目前我国畜禽水产养殖产业废弃物的综合利用率不足60%，每年至少有约16亿吨的畜禽养殖废弃物无法得到妥善处理，资源利用模式变革迫在眉睫。①

（3）秸秆农膜不合理利用对乡村环境造成破坏

20世纪70年代秸秆产生量少，而且秸秆大多作为牲畜饲料使用；到了80年代，秸秆产生量增加，对秸秆进行焚烧成为快速处理的最佳方式，这种处理方式持续了二十多年，直至2008年国家出台政策呼吁综合利用秸秆，秸秆作为重要物质资源的属性才被农民了解。但前期秸秆燃烧对乡村环境造成的污染是不可逆转的。秸秆燃烧会产生大量烟雾，烟雾中有很多对人身体有害的物质，影响人的身体健康。第二次全国污染源普查公告数据显示，2017年秸秆产生量为8.05亿吨，秸秆利用量为5.85亿吨，每年有2亿余吨的秸秆废弃物得不到充分利用。② 据统计，2019年全国秸秆焚烧火点6300个，火点个数比2018年减少1347个，目前针对秸秆资源有专门的再利用技术，秸秆资源综合利用率也较高，但现实中仍存在个人焚烧现象。农膜又称农用地膜，有提高地温、保持土壤湿度的作用。从2007年至2017年农膜使用量141.93万吨，多年累积残留量118.48万吨。农膜残留一般未能及时处理回收，残留农膜被直接掩埋在土壤中不仅会影响耕作层土壤环境和植物的健康生长，还可能释放出邻苯二甲酸酯，造成土壤、大气和水污染。③

---

① 胡曾曾，于法稳，赵志龙. 畜禽养殖废弃物资源化利用研究进展［J］. 生态经济，2019，35（08）：186－193.

② 中华人民共和国生态环境部. 第二次全国污染源普查公报［DB/OL］.（2020－06－09）［2022－02－18］. http://www.mee.gov.cn/xxgk2018/xxgk/xxgk01/202006/t20200610_783547.html.

③ 骆艺. 宁德市农业面源污染现状、存在问题及治理对策［J］. 福建农业科技，2020（09）：61－64.

只有加强监管并因势利导,禁止焚烧秸秆,减少农膜残留,切实为农民着想并给出具体可行和可替代的处理办法,才能从根本上杜绝这两类农业废弃物对环境的破坏。截至2018年我国已经建立了150个农作物秸秆综合利用试点县和100个地膜治理示范县,秸秆综合利用率和农膜回收率分别达到86.7%、80%,农业废弃物治理取得成效。①

总之,加强污染面源的检测能力、推广节肥技术、升级沼气及多元利用秸秆等措施的实施取得显著成效。但是污染情况还是没有改善,原因有以下几点:首先,一些乡村地处偏远,经济实力较弱,对环保重视程度不够;其次,相关部门缺乏对污染源的长效治理机制,在管理、运行、维护方面缺乏资金支持;最后,规模治理小,乡村污染系统性治理不够,治理技术不够先进,实施面积不够广。生态环境治理,归根结底属于公共事业的范畴,任何一项事业的进行都不是零成本的,资金是搞好生态环境治理的物质基础,如果单纯依靠村民自觉和市场资金的引入,很难做好生态环境治理。虽然山西省2020年在绛县、太谷等县进行秸秆综合利用重点县的建设,秸秆利用情况有所改善,但是覆盖面窄,很多县域由于资金限制秸秆利用现状并未出现好转,资金补助不足限制了秸秆离田这项措施的彻底落实。

3.乡村生活性污染造成居住环境恶劣

厕所革命、垃圾革命、污水革命是农村人居环境整治的“三大革命”,以下分析农村“三大革命”的进行情况及其对乡村环境的影响。

(1)村民环保意识不够使生活污水处理率低

乡村生活污水主要由灰水和黑水组成,灰水是指洗漱废水等生活污水,而

① 侍爱秋.盐都区农业面源污染现状及治理措施[J].安徽农学通报,2014,20(Z1):113-114.

黑水是指农民冲厕的污水。生活污水不经处理排入河道，对乡村地表水造成污染。① 1978 年全国污水年排放量为 1 494 493 万立方米，污水处理厂仅有 37 个。乡村生活污水从 20 世纪 80 年代才开始受到关注，但是由于重视不够、农民环境保护意识差等因素影响，乡村生活污水处理处于停滞状态。进入 90 年代，全国污水处理率从 14.86% 上升到 2012 年的 87.3%，污水处理厂从 37 座增至 1670 座，污水年排放量增长到 4 167 602 万立方米。② 这一时期，中国环保意识增强，水污染处理法治化。2000 年以后我国加大水污染治理，出台首个水污染处理排放标准，水污染治理全面展开。据统计，2016 年我国地方污水处理率为 22%，虽然有明显改善，但许多地区地方污水处理率仍旧较低。通过对第二次全国污染源普查数据进行分析，全国生活污水污染物排放量如表 2 - 1 所示。

表 2 - 1　全国生活污水污染物排放量

单位：万吨

污染物指标	城镇生活污水污染物排放量	乡村生活污水污染物排放量
化学需氧量	483.82	499.62
氨氮	45.41	24.50
总氮	101.87	44.65
总磷	5.85	3.69
动植物油	11.17	19.80

数据来源：中华人民共和国生态环境部. 第二次全国污染源普查公报[DB/OL]. (2020 - 06 - 09) [2022 - 02 - 18]. http://www.mee.gov.cn/xxgk2018/xxgk/xxgk01/202006/t2020 0610_783547.html.

① 王俊能，赵学涛，蔡楠，等. 我国农村生活污水污染排放及环境治理效率[J]. 环境科学研究，2020，33(12)：2665 - 2674.

② 中华人民共和国住房和城乡建设部. 城市建设统计年鉴 [EB/OL]. (2020 - 12 - 31) [2020 - 12 - 31]. http://www.mohurd.gov.cn/xytj/tjzljsxytjgb/jstjnj/index.html.

从表2-1可以看出,城镇生活污水污染物排放总量高于乡村,但是乡村生活污水污染物排放总量中有的指标高于城镇,与城市相近,乡村的化学需氧量和动植物油的排放量分别高于城镇15.8万吨和8.63万吨。其余指标低于城镇,尤其是总氮的排放指标比城镇低很多。

有关资料显示,2013—2020年,全国对乡村生活污水进行处理的乡镇个数及占比持续上升。虽乡村生活污水处理情况有所改善,但乡村生活污水污染物排放依旧是乡村环境污染的主要来源之一。由于乡村生活污水缺乏合理有效的治理,致使乡村环境质量改善缓慢。因此,乡村生活污水处理依旧是一项大工程。

(2)缺乏垃圾处理设施造成生活垃圾堆积

2000年以后,由于乡村消费方式的变化,城乡恩格尔系数逐年接近,乡村消费方式和水平逐渐趋于城镇化,生活垃圾迅猛增加且多为不宜降解的白色垃圾。乡村“垃圾围村”现象出现,大量垃圾导致的苍蝇乱飞、臭味熏天使农民深受其害,乡容村貌更是与“宜人宜居”相去甚远。

现阶段,我国乡村生活垃圾的产量与城市生活垃圾接近,占据全国生活垃圾总量的一半。大量乡村垃圾处理不当,混乱地四处堆积,甚至腐烂发臭。据数据显示,从2006年到2016年,乡村生活垃圾处理率持续提升,但2016年的数据显示乡村生活垃圾处理与城市相比还是有很大差距。据2020年《中国统计年鉴》数据分析,城市生活垃圾清运量已达到24 206.2万吨,拥有无害化处理厂1183座,无害化处理量为24 012.8万吨,无害化处理率达到99.2%。[①]

乡村缺乏集中的垃圾处理中心,基础设施落后,垃圾处理设施建设不足,使生活垃圾很难有效处理。长此以往,垃圾不仅影响乡容村貌,垃圾中含有的大量有害物质还会污染土壤、影响农作物的生长。我国乡村生活垃圾的处理需要

① 国家统计局. 试析我国农村生活垃圾处理模式[EB/OL]. (2020-01-07)[2021-04-23]. http://www.stats.gov.cn/tjsj./ndsj/.

城镇带动，政府支持，农民自发，区域统筹，只有进一步缩小管理、治理差距，乡村才能成为生态宜居的现代化乡村。

（3）厕所革命不彻底造成乡村卫生厕所普及率低

乡村厕所革命是乡村生态建设的一个缩影，厕所问题不仅关系到农民居住环境，还关系到农民生活质量。乡村旱厕滋生细菌，蚊蝇滋生，传播疾病，威胁人民群众的身体健康。因此，旱厕亟须改造。"厕所革命"在 20 世纪 80 年代被提出，推行厕所革命对改善乡村卫生环境具有重要意义。当时，由宋乐信发明的双翁漏斗式厕所，在河南乡村掀起了厕所革命的热潮。[①] 2018 年乡村环境整治计划开始实施，2018 年在河北召开全国厕所革命培训会，2020 年底数据显示全国乡村卫生厕所普及率达 68% 以上，2018 年以来，每年提高约 5 个百分点，累计改造乡村户厕 4000 多万户。[②] 乡村厕所革命正在逐步推进，但是资金缺乏、机制不健全、城乡环卫一体化进程慢等都是需要进一步解决的问题。

在城镇化进程中，乡村地区必须考虑环境保护问题。环境保护是乡村城市化进程的重要组成部分，各级政府要真正重视生态环境建设，把绿水青山还给乡村。

（二）人口单向化流动加速乡村人口结构变化

改革开放以来，为谋求更好的生活，乡村青壮年人口流出成为普遍现象，随之出现人地分离、乡村人口数量减少、一元人口结构向多元人口结构变动、老龄化程度加深及乡村流动子女教育困难等问题。

1. 乡村人口数量持续降低

中国乡村人口从 20 世纪 90 年代后期发生转折性变化。从图 2－4 可以看

① 胡丹妮. 东北地区旱厕改造设计研究[D]. 沈阳：沈阳师范大学，2020：2－3.

② 郁静娴. 全国农村卫生厕所普及率超 68%［EB/OL］.（2021－04－08）［2021－04－23］. http://www.gov.cn/xinwen/2021－04/08/content_5598294.htm.

出，1995 年是乡村人口变化的节点，1978—1995 年，乡村人口数量持续稳定升高；1995—2020 年，乡村人口数量逐渐下降；到 2010 年，乡村人口几乎与城镇人口持平。城镇人口从改革开放以来，数量增长迅猛，从 2010 年以后城镇人口超过乡村人口数量，中国乡村人口规模及比重持续下降。

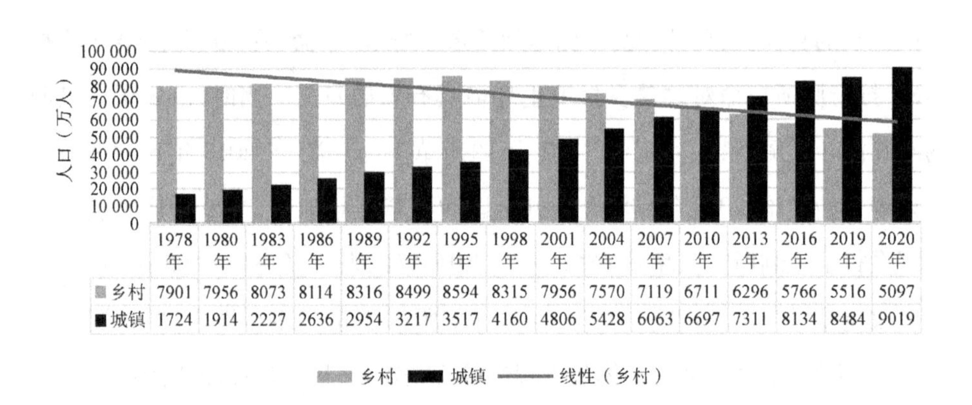

图 2-4　1978—2020 年中国乡村和城镇人口规模变化

数据来源：国家统计局. 中国统计年鉴[DB/OL]. (2021-10-12)[2022-02-18]. http://www.stats.gov.cn/tjsj/ndsj/2021/indexch.htm.

2. 城镇化发展，一元人口结构向多元人口结构转变

改革开放以来，我国城镇化率从最初的 17.9% 增长到 2019 年的 60.6%，“十四五”规划指出中国城镇率在“十四五”时期将达到 65%。我国古代出现大规模的人口流动一般是在战争和发生自然灾害时期，在现代化时期，我国开创了现代化社会人口大流动时代，而人口流动的主力军主要集中在乡村。① 乡村人口大变迁，乡村青壮年从乡村向城市流动，他们不再从事农业生产活动，而是向外流动寻求好的机会，乡村人口结构从农业居民一元聚居演变为从事农业的

① 陈文胜，曹锦清. 集体经济与集体化[J]. 中国乡村发现，2017(4)：75-81.

村民、户籍在乡村的城市人、城乡两栖的外出务工人员这样的三元混居。① 多元人口结构的出现，使城乡联系更加密切，但部分乡村人口在城市安家，乡村出现土地无人照料、空心化、经济衰落等现象，与城市人口聚集、经济繁荣形成鲜明对比，对乡村发展产生不良影响。②

3. 乡村老龄人口增多，养老问题面临挑战

我国人口出生率从1978年的18.3%下降到2010年的11.9%，2011年开始回升；2016年，二孩政策开放，全国人口出生率有所增长，但到2018年急速下降，2019年我国人口出生率为10.41%。出生率的下降及医疗技术水平的提升，使老龄人口不断增加，2019年，我国65周岁及以上人口达137 282万人，占全国总人口的12.6%。国际规定65岁及以上老年人口占比超过7%或60岁及以上人口占比超过10%为老龄化社会的标准。可见，中国在2001年已进入老龄化社会。近年来我国老龄人口不断增加，社会老龄化进程也在不断加快。老龄人口结构统计图如图2－5所示。

我国老龄人口数量在国际排名中的位次不断升高，由图2－5可以看出，我国65岁以上的人口增长率明显高于60～64岁的人口增长率，老龄人口总体呈现增长的趋势。第六次人口普查数据显示，乡村人口老龄化程度比城镇老龄化程度高出5.89%，比第五次人口普查高出4.65%。③ 数据显示乡村老龄化人口不仅高于城镇，而且超过国际规定的老龄化标准。城乡老龄化人口发展不平衡，出现“城乡倒置”现象，这与经济发达国家老龄化人口与经济发展成正比的演变规律相反。现阶段乡村老龄化进程与经济发展水平之间的不协调使乡村

① 陈文胜. 城镇化进程中乡村社会结构的变迁[J]. 湖南师范大学社会科学学报，2020，49(02)：57－62.

② 茆长宝，熊化忠. 乡村振兴战略下农村人口两化问题与风险前瞻[J]. 西南民族大学学报(人文社科版)，2019，40(08)：57－63.

③ 皮晓雯，魏君英. 农村人口老龄化对乡村振兴战略的影响[J]. 合作经济与科技，2018(22)：11－13.

养老问题及养老保障制度的建立面临新的挑战。

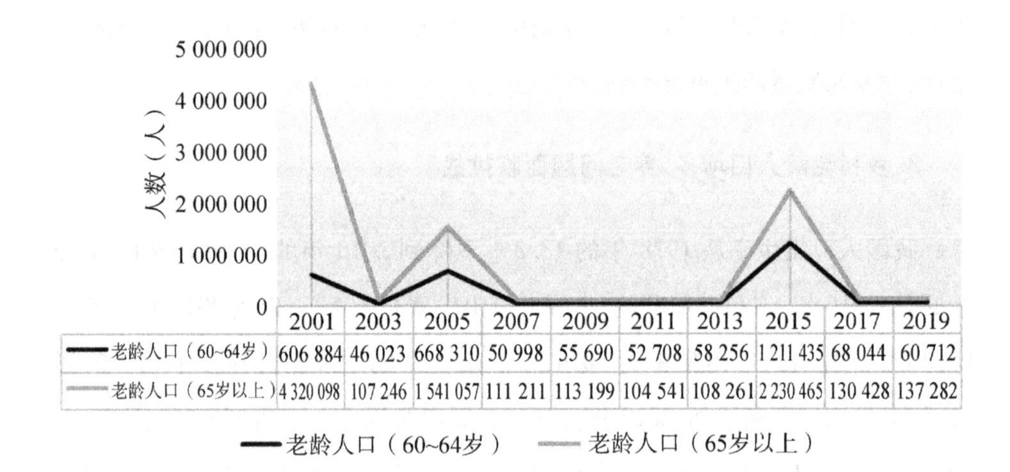

图 2-5　2001—2019 年中国老龄人口结构统计图

数据来源:国家统计局. 中国统计年鉴[DB/OL]. (2021-10-12)[2022-02-18]. http://www.stats.gov.cn/tjsj/ndsj/2021/indexch.htm.

4. 流动人口迅速增加,乡村呈现"空心化"

改革开放四十余年来,乡村流动人口以规模大、速度快的特征发展,乡村剩余劳动力成为人口流动的主体,并以乡村向城市单向流动为主。20 世纪 90 年代乡村人口大迁移受到两个因素影响:一是城市对劳动力的需求量增大;二是乡村地区现代生产技术的发展使劳动生产率提高。① 这两大因素为乡村人口流入城市提供支持,原来离土不离乡的传统观念得到改变,外出务工人员为城镇化的建设贡献力量,并加速城镇人口的增长。但是流动人口以青壮年为主,他们受教育程度相对较高,大量流走造成人才、知识和资金等资源要素大量向城市集中,乡村呈现"空心化",出现留守儿童、流动儿童、空巢老人等特殊弱势群

① 张辉,刘浩南. 近三十年来乡村人口迁移与老龄化问题研究[J]. 辽宁经济,2019(07):28-31.

体，传统乡村失去其乐融融的生活气息。我国流动人口统计如图 2－6 所示。

从图 2－6 可以看出，2019 年全国人户分离人口 2.8 亿人，比 2000 年增加 1.36 亿人；其中流动人口 2.36 亿人，比 2000 年增加 1.15 亿人。① 但乡村人口的单向流动会导致乡村人口结构的变异，乡村发展也会因此受到阻碍。

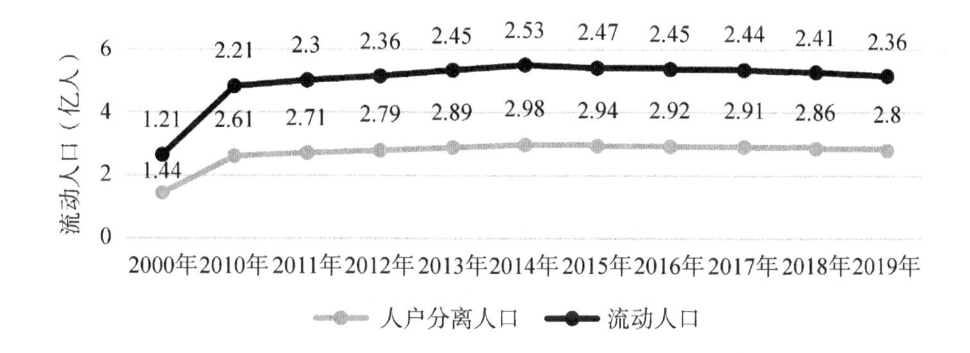

图 2－6 2000—2019 年中国流动人口统计图

数据来源：国家统计局. 中国统计年鉴[DB/OL].（2021－10－12）[2022－02－18]. http://www.stats.gov.cn/tjsj/ndsj/2021/indexch.htm.

（三）传统文化与现代文化碰撞使乡村文化重拾生机

乡村文化有其特殊性，由乡村特色决定，建立在乡村社会生产方式的基础上，村民是文化传承者，村民的价值观念、生产方式、生活方式等为乡村文化的主要内容，最终反映在乡村经济、政治和社会生活中。② 传统的乡村文化存在内聚性、集体性、共心性等特点，乡民乡风质朴，但落后封建思想也在一定程度上

① 2019 年中国人口总量及人口结构，城镇化率和老龄化实现“双增长”[EB/OL].（2020－03－29）[2020－08－29]. https://www.sohu.com/a/384093287_120606321.

② 帅庆，平欲晓. 文化断裂视角下乡村生态环境问题分析[J]. 农业考古，2013(06)：141－146.

存在,所以随着思想解放,乡村被视为改造的对象,村民传统文化认同感在改造的同时也被削弱。

1. 政策支持使乡村文化建设精神动力提升

乡村文化代表着乡村的精神状态,但随着城镇化的发展,一些乡村没有跟上发展潮流,发展滞后,人地关系矛盾突出,据统计,1990 年至 2019 年,中国乡村数量由 743 278 个减至 515 202 个,平均每天减少 30 个以上。[①] 乡村是乡村文化的物质载体,乡村的修复对乡村文化的发展具有至关重要的作用。

改革开放初期,我国以经济建设为中心,乡村文化场所建设不够;20 世纪 90 年代,乡村出现了一些封建迷信现象,这些现象对乡村精神文明建设造成严重的破坏,连带一些传统的公共文化也遭到抵制,甚至被冠以"落后"的标签,乡村文化发展受到阻碍;20 世纪 90 年代末到 20 世纪初,以党的十六届五中全会提出推进社会主义新农村建设为节点,国家对乡村文化建设指出新的方向,2006 年乡村公共文化服务被纳入国家制度保障。[②] 县、乡、村三级文化站点被设立,数字红利普及乡村,电影院、戏院等文艺场所也被大量兴建,乡村文化事业蓬勃发展。扭秧歌、文艺表演等特色文化随之兴盛,乡村文化发展空间进一步拓宽。党的十九大提出的乡村振兴战略,进一步促进乡村文化发展,乡村公共服务体系得到完善。

2. 乡村文化传承主体缺失导致乡村文化生态价值没落

随着社会发展,人们的思维方式发生变化,乡村社会主流文化从一元向多元转变,乡村传统文化逐渐衰落,文化传承主体缺失。村民思想道德建设受到

---

① 时慧娜,许家伟. 国内外村落衰退研究的进展及启示[J]. 云南社会科学,2019(04):67 - 74.

② 闫小斌,段小虎,贾守军,等. 超越结构性失衡:农村公共文化服务供给驱动与需求引导的结合[J]. 图书馆论坛,2018,38(06):20 - 28.

各种因素影响，乡村文化出现衰落现象。乡村在高投资、低效率、高污染的经济发展模式下，一味追求经济发展，忽略乡村特有文化价值观，人与自然和谐关系退化，乡村文化生态价值没落。

(1)青壮年向外流动，乡村文化传承断层

家庭联产承包责任制的实行，极大促进农业发展，农民生活得到改善。但随着生产效率的提高，农耕时间缩短，农民处于“半耕半工”状态，外出打工成为很多人的选择。外出务工的年轻人，是文化的继承者和传播者，然而乡村社会“空心化”导致文化传承主体缺失。老年人与青壮年群体在文化意识和文化观念上存在断裂，青壮年习惯城市生活，在乡村没有归属感，甚至不认同乡村文化，且受停留时间限制，对乡村活动参与度低，与乡土文化的隔膜进一步加深。老年人是乡土文化可持续发展的支撑者，尤其是乡村的一些有威望、有公心的老者。但是当这些老年人退出乡村文化舞台时，如果青壮年无法承接，乡村文化必然出现断层。

(2)乡村学校减少，乡村精神传承断裂

由于乡村学校的减少，本土乡村文化对学生的影响力减弱。乡村是乡村学生土生土长的地方，是他们生存的根基。然而，乡村学校的减少让他们对乡村产生陌生感，在他们眼中，宗法礼仪成为封建观念，乡风民俗成为跟不上时代潮流的落后文化。乡村文化具有独特文化价值，但传承主体缺失，传承意识缺乏，致使乡村文化缺乏活力。

(3)乡村社会变迁，乡土人际关系淡化

在乡村社会结构的变迁中，乡土文化的价值属性逐渐消失，从而影响乡村内在人际关系，乡村家庭之间的联系度降低，“差序格局”有被“工具性差序格局”取代的趋势。“工具性差序格局”使乡村集体意识丧失，乡民关系变得淡漠。除此之外，乡村基层自治组织也发生根本性变迁，乡村组织的责任主体弱化，某些村委会与村民的关系处在“悬浮”状态，更多的精力被用在“财务处理”上，做事秉持“不出事”原则，这种消极治理逻辑，不利于乡土文化的建设。

3. 乡村文化自信从低落逐渐增强

传统的乡村社会在历史变更的过程中形成许多优秀的传统文化,有生态农耕方式、“道法自然”的生活方式、“天人合一”的哲学思想及勤俭节约的品格,等等。[①] 改革开放以来,城乡文化融合以市场经济快速发展为基础和进城务工人员为城乡沟通载体,城市文化深刻影响着乡村文化发展。城乡二元经济体制决定两类文化的冲突,特别是城市现代文明与乡村传统文化形成强烈的对比。城乡传统文化的融合经历了三个阶段。

(1)城乡文化对立阶段,乡村文化没落(1978—2002 年)

改革开放初期,家庭联产承包责任制生产经营方式弱化农民集体意识,一些村规民约、价值观念在经济变迁中逐渐失去自有价值。20 世纪 90 年代进城务工潮开始出现,“城市中心论”成为社会主流价值,农民背井离乡,外出寻求生计。虽然乡村在这一阶段获得现代化的初期成效,如农民视野开阔、思想开放,农村经济发展,但是乡村文化遭到城镇文化的冲击,传统民俗礼节被简化,村民公共文化活动空间缩减,乡村传统技艺无人继承等,传统文化失去原有色彩。

(2)城乡统筹,乡村文化重现生机(2002—2012 年)

这一阶段中国现代化取得重要成就,但“三农”问题凸显,政府发挥顶层设计作用,统筹城乡发展,促进城乡发展一体化。党的十六届五中全会提出建设社会主义新农村激发了乡村活力。[②] 除此之外乡村文化建设成为这一时期的重点,2003 年全国文化体制改革试点工作会议召开,随后相关文化建设政策相继出台,国家把乡村文化建设纳入日常工作,乡村文化重现生机。但是在城乡融合的过程中,乡村传统生活习俗和文化形式被贴上了“乡村”“封建”和“落后”

① 解胜利,赵晓芳.从传统到现代:农耕文化的嬗变与复兴[J].学习与实践,2019(02):126-132.

② 高静,王志章.改革开放 40 年:中国乡村文化的变迁逻辑、振兴路径与制度构建[J].农业经济问题,2019(03):49-60.

的标签。具有文化价值的物品，如传统节日庆祝活动、杂技表演和民间艺术，原本在农民生活中发挥着重要作用，有的却从乡村文化舞台上逐渐消失了。许多非物质文化遗产亦未能进行有效保护。

(3)城乡一体化，乡村文化蓬勃发展(2012—至今)

这一阶段城乡文化建设差距有所缓解，但差距依旧较大，公共文化服务不均衡，文化工作者积极性低、年龄结构失衡，农民文化活动少等问题依旧存在。党的十八大后我国加大"城乡统筹"力度，促进城乡公共服务均等化，乡村文化发展走向服务化阶段。乡村文化是中国文化的来源之一，所以激发农民文化自信是增强文化自信的重要保障。"十四五"规划中，对乡村文化建设提出进一步的要求，其中包括乡村各类基础设施的建设。这些公共文化空间的建设，可以便利乡民生活，改善其居住环境，为乡村优秀文化提供传播载体，便于文化传承，进一步促进乡村振兴战略的实施。

乡村文化生态的发展是乡村振兴的精神支柱。在乡村振兴大背景下，乡村生态文化建设不能仅仅依靠国家资金支持、政府主导发展方向，而且应该有自身发展规划，抓住乡村特色，利用良好人文底蕴、文化内涵，创造属于自己的独特文化，而不是跟随城镇化潮流，建设"千篇一律"的乡村，如若失去自我特色，乡村文化生态就丧失了原有魅力。

(四)新时期乡村教育的发展变化

1977 年恢复高考后，伴随着改革开放，乡村教育进入新的发展时期。第一阶段国家积极进行乡村教育体制结构的变革，教育体制从单级管理到多级管理，教育结构由单一到多元转型。第二阶段，进入 21 世纪，乡村教育改革进入深化阶段，教育面貌发生翻天覆地的变化。总之，这一时期的教育发展成果显著，但是也面临着不可回避的问题，城乡二元结构反射到乡村教育身上就是城乡教育不平衡，乡村教育价值观发生改变，由原来的关注乡村社会发展到关注升学率,与当初乡村教育改革的初衷相背离。改革开放后的乡村教育发生了很大变化,下面具体从财政支出、乡村中小学布局、教师队伍建设和流动人口子女教育四个方面进行分析,来探析乡村教育的发展变化。

1. 乡村教育财政支出呈现波动状态

相关数据显示,1978—2019 年四十余年间,我国教育经费总量增长了 668.60 倍,为我国教育事业的发展提供了有力保障。① 从 21 世纪初期开始,我国乡村教育经费投入向“以县为主”投入机制转变,实行乡村义务教育经费保障机制改革,但这种投入机制会造成投资不合理或投资经费不足的弊端。于此,国家从宏观角度进行统筹,对乡村教育的发展起到领头作用。图 2－7 和图 2－8 对 2005—2020 年乡村中小学教育经费支出进行数据分析。

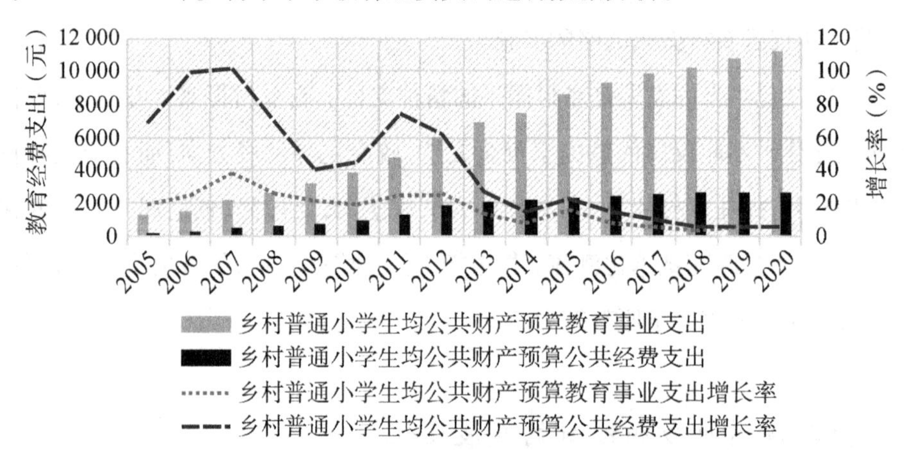

图 2－7　2005—2020 年乡村小学教育经费支出情况

数据来源:教育部,统计局,财政部. 关于 2020 年全国教育经费执行情况统计公告[DB/OL]. (2021－10－12)[2022－02－18]. http://www.gov.cn/zhengce/ zhengceku/2021－12/01/content_5655192.htm.

从图 2－7 可以看出,乡村普通小学生的教育经费逐年增加。但经费增长

---

① 廖楚晖. 中国改革开放 40 年的教育财政:制度变迁、研究现状、问题取向与破解路径[C]//中国财政学会. 中国财政学会 2019 年年会暨第 22 次全国财政理论研讨会交流论文集:第三册. 内部资料,2019:17.

率呈现波动形式,尤其是在2007—2010年四年间,生均公共财产预算教育事业支出波动较大且呈持续下降的趋势。2010—2012年小学生均教育经费增长率开始上升,2012年开始经费支出增长率开始趋于平缓。

从图2-8可以看出,乡村普通初中生均教育经费的支出逐年增加。2005—2014年经费增长率呈现较大波动,2014—2020年教育经费增长率呈现平稳发展趋势。

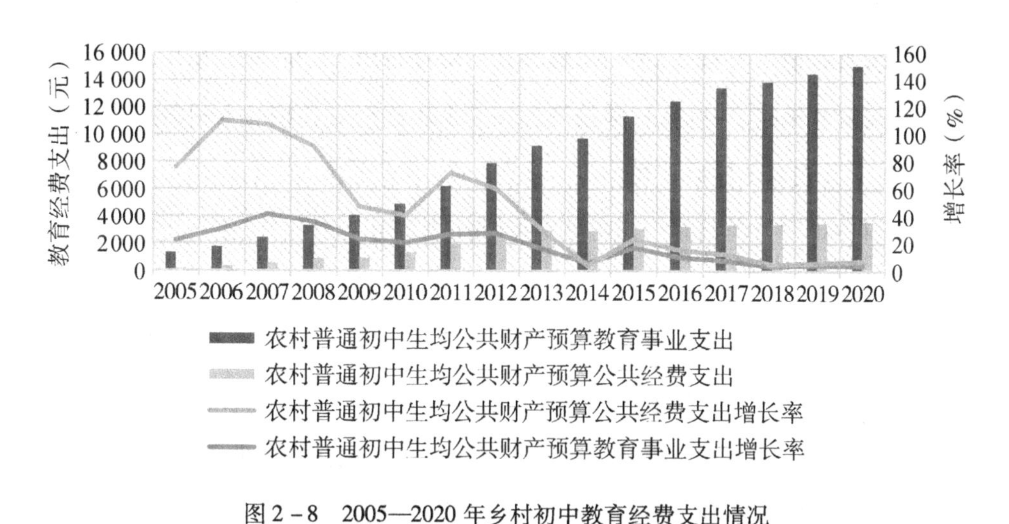

图2-8 2005—2020年乡村初中教育经费支出情况

数据来源:教育部,统计局,财政部.关于2020年全国教育经费执行情况统计公告[DB/OL].(2021-10-12)[2022-02-18].http://www.gov.cn/zhengce/ zhengceku/2021-12/01/content_5655192.htm.

虽然乡村中小学教育经费支出呈上升趋势,但是乡村中小学的生均教育事业支出及公共经费支出并没有达到国家平均水平,乡村教育经费总体不足。在经费不足的情况下,学校建设缺乏保障,硬件软件设施不达标,从而影响教育质量。一些乡村学校硬件设施不足,教师信息化素质低,不能很好运用多媒体进行教学,教学手段受限,学生主体意识缺乏,学习积极性不高,不利于教学质量的提高与教育公平的实现。经费的公平投入是乡村教育发展的基本物质保障,在知识经济时代,国家对教育的重视程度越来越高,而加大乡村教育投资应得到更多关注。

2. 乡村中小学布局调整使乡村文化中心消失

学校是国家和社会发展的重要工具,在传统乡村中,学校是乡村文化传播的主要场所。[①] 20 世纪 50 年代是中国乡村教育发展的繁盛时期,大量新式小学被兴建,这些学校为义务教育的普及作出极大贡献。新式小学建设的同时,出现学校布点分散、建造经费不足等问题。在 20 世纪 90 年代中后期,国家对分散的教育资源进行整合,进一步规划乡村学校布局。2000 年开始实施乡村中小学布局调整策略,一些乡村学校消失。后来由于撤点并校给乡村教育带来困扰,乡村义务教育学校撤并暂停。

乡村中小学布局调整一定程度上能够优化教育资源配置,使学生能在设备优良的环境中学习,从而提高教学质量;合理的布局能够提高学校收益,使学校能把更多的资金用于自我改造,而不是持续依赖国家资金或政策支持,从而实现自我内部资源的循环更新,更好地推进乡村教育。但是不合理地撤点并校,从文化角度来说,是对乡村文化传承的割裂,乡村文化在并校的同时逐渐消失。虽然撤点并校能合理利用教育资金,减轻国家经费负担,但是学生车费、食宿费等消费加重乡村家庭的负担,致使一些贫困的乡村家庭出现孩子辍学现象。

3. 乡村中小学教师队伍结构不断优化

乡村教师队伍建设是乡村内部改造的关键,在知识经济时代,乡村摆脱贫困要依靠乡村教育,而乡村教师队伍的建设是提高乡村教育质量的关键。改革开放以来我国乡村教师队伍建设经历了从“数量稳定”到“高素质发展”,主要表现在以下几个方面。

---

① 司洪昌. 嵌入村庄的学校[M]. 北京:教育科学出版社,2006:125 - 126.

（1）乡村教师由代课教师向高素质专业教师转变

在改革开放前期，民办教师在乡村教师中占比较大，目前乡村尚存在不少“民转公”的教师，这些教师因历史原因存在专业能力不足的限制。此外，由于乡村生活条件较差、教师待遇不高等问题，乡村教师队伍学历起点较低。[①] 由于乡村编制紧缺，代课教师成为乡村专业教师的替补，1997 年乡村代课教师达 73.02 万人，占乡村小学教师总数的 19.39%。[②] 据统计，2018 年，全国有 49.9 万名代课教师，中西部乡村小学代课教师数量占到乡村小学教师总数的 75.9%。以上种种原因造成乡村教师结构不合理及教师队伍整体质量不高。近年来国家在专业型教师的培养上取得很大成绩，教师队伍的整体素质得到提升。据统计，2016 年，乡村小学专科及以上学历教师比例为 91.8%，初中本科及以上学历教师比例为 78.6%。[③] 由于教师来源渠道的拓宽，以及国家教师定期培训及培养规模的不断扩大，乡村生师比呈持续下降的趋势。

（2）乡村教师来源由单渠道向多渠道扩展

在乡村教师来源方面，在 20 世纪 80 年代，由于乡村义务教育发展，乡村教师需求量增加，中等师范生成为乡村教师的主要来源。20 世纪末到 21 世纪初，国家通过鼓励支教、定向师范生和免费师范生的培养及设立特岗教师等方式，充实乡村教师队伍。如 2006 年的“特岗计划”，2007 年的“师范生免费教育”及 2010 年的“硕师计划”等措施，为乡村优秀教师的流入提供便捷通道，通过政策支持，引进优秀人才，优化教师结构。

改革开放以来，乡村教育取得教师数量增加、质量提升和结构优化的辉煌

---

① 赵垣可，刘善槐．改革开放以来我国农村教师队伍建设问题研究［J］．理论月刊，2019（01）：154－160.

② 杨卫安．乡村小学教师补充政策演变：70 年回顾与展望［J］．教育研究，2019，40（07）：16－25.

③ 东北师范大学中国农村教育发展研究院．中国农村教育发展报告 2017：基础教育［EB/OL］．（2017－12－27）［2020－08－30］．http://www.jyb.cn/zcg/xwy/wzxw/201712/t20171223_900288.html.

成就,但是乡村教师队伍的建设还存在师德师风问题,教师流动量大及年龄、性别结构失衡等问题,所以教师队伍建设需多元主体共同参与,政府发挥督导引领作用,教师加强专业技能提升,学校给足发展空间,多方合力,落实考核评价、奖惩任免工作,增加内力,塑造高质量的教师队伍。

4. 教育结构变迁造成流动人口子女教育困境

人口结构变迁带动教育结构的改变,乡村流动人口从 2000 年的 1.21 亿增长到 2019 年的 2.36 亿,二十年时间里,流动量增长近 2 倍。人口的流动带来乡村流动人口子女的教育问题,包括乡村流动儿童教育和留守儿童教育。

(1)流动儿童教育受限

2001 年起在"两为主"政策的推进下,中国城市开始接受流动人口子女在流入地城市就读,许多进城务工人员子女进入公立学校就读。[①] 随迁子女的教育成为需要关注的问题,对《全国教育事业发展统计公报》历年数据进行分析,2009—2020 年流动人口随迁子女数量与就学情况如图 2-9 所示。

由图 2-9 可见随迁子女数量除在 2013 年有所下降之外,总体上呈现逐步增长的趋势,十余年时间总体增长了 432.62 万人,其中小学就读人数占比较大,2009 年和 2020 年分别占到总人数的 75.29% 和 72.38%。2020 年随迁子女小学就读人数比 2009 年增长 284.09 万人,而初中就读人数增长相对缓慢,2009 年和 2020 年分别占到总人数的 24.71% 和 27.62%。

在流动儿童教育方面,各地政府彰显责任担当,为流动儿童教育作出努力,很多城市降低落户门槛,推动流动人口市民化,但是依旧存在入学难、入学门槛高的问题。为了给儿童更好教育,流动结构出现新形式,出现"回流"和"离城不返乡"现象。两者有本质区别,前者多数是出于被迫,而后者为使儿童接受更好

① 韩嘉玲,余家庆. 离城不回乡与回流不返乡:新型城镇化背景下新生代农民工家庭的子女教育抉择[J]. 北京社会科学,2020(06):4-13.

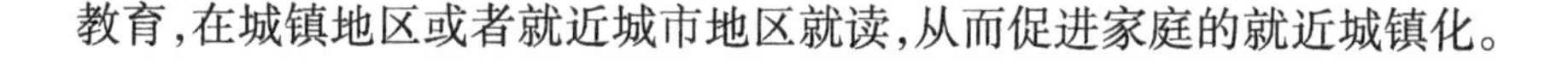

教育，在城镇地区或者就近城市地区就读，从而促进家庭的就近城镇化。

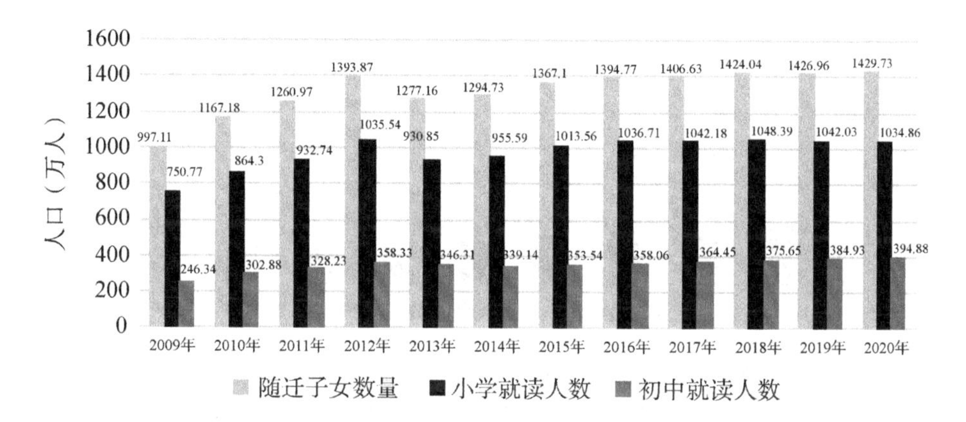

图 2－9　2009—2020 年流动人口随迁子女数量与就学情况

数据来源：教育部. 全国教育事业发展统计公报[DB/OL].（2020－05－20）[2022－02－18]. http://www. moe. gov. cn/jyb_sjzl/sjzl_fztjgb/.

注：数据修约数位均以数据来源处为准，未补齐。

（2）乡村家庭结构失衡，留守儿童教育问题较多

2018 年，全国乡村留守儿童数量 697 万人，与 2016 年首次乡村留守儿童摸底排查的数据相比下降了 22. 7%。① 由于国家脱贫攻坚战等政策支持，乡村留守儿童数量持续下降，现对乡村留守儿童教育进行分析：

由图 2－10 可以看出，连续八年乡村留守儿童在义务教育阶段数量呈下降趋势，小学在校人数从 2012 年的 1517. 88 万人下降到 2019 年的 925. 41 万人；初中在校人数从 753. 19 万人下降到 2019 年的 459 万人。留守儿童小学在校人数总体高于初中在校人数。留守儿童相对于流动儿童而言，处于更加劣势的地位，由于长期处于分散的家庭结构中，家庭结构功能失衡，委托照护现状存在制

① 全国农村留守儿童数量下降[EB/OL].（2018－10－30）[2020－09－01]. http://www. xinhuanet. com/fortune/2018－10/30/c_1123637386. htm.

度缺陷,儿童得不到系统家庭教育,如何寻求家庭与儿童照护的平衡点,已成为一个棘手的问题。

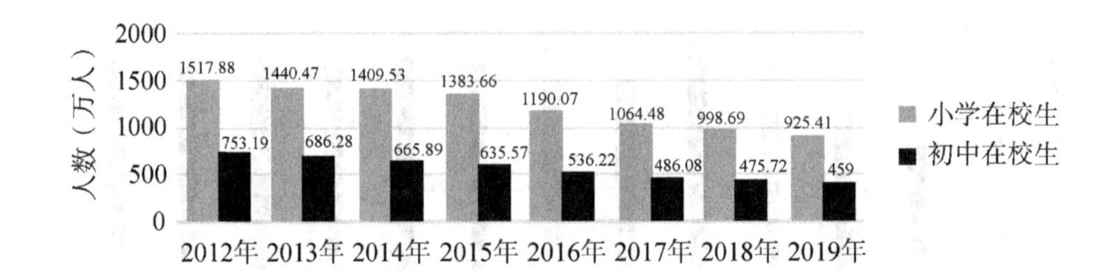

图 2 - 10　2012—2019 年乡村留守儿童义务教育数据

数据来源:国家统计局. 中国统计年鉴[DB/OL]. (2021 - 10 - 12)[2022 - 02 - 18]. http://www.stats.gov.cn/tjsj/ndsj/2021/indexch.htm.

注:数据修约数位均以数据来源处为准,未补齐。

乡村教育的发展影响整个国家的教育水平,但乡村教育目前仍是我国教育发展的短板,存在很多待解决的问题。如乡村教育设施设备短缺,城乡教育发展不均衡,缺少高素质教师,相当大一部分贫困乡村的校舍、教学设施设备等达不到国家标准。加强乡村教育是培养乡村文化继承人,为建设美丽乡村储备人才的强有力保障。

(五)科学治理使乡村政治由分散向整合发展

中华人民共和国成立前,我国以农业经济为主导,农民对于土地的需求强烈,封建土地所有制严重阻碍经济发展,中国共产党在解放区采用直接组织农民的方式,在乡村开展了轰轰烈烈的土地改革运动。[①] 土地改革运动使国家政权下乡,政府乡村动员能力增加,乡村建立了较为完整的政权体系。农民公社运动随着土地改革的深化应运而生,人民公社实质上属于国家政权,是乡村社会组织。在这一时期,乡村政治呈现"政社合一"的治理模式。虽生产力高度集中,乡村资源被整合以给工业化提供保障,但平均主义的分配形式,使农民的生产积极性降低,乡村政治生态须进一步改革。改革开放以后,乡村政治生态经历了探索、制度化、组织化及整合化四个发展阶段。

1. 乡村治理初探,村民自治雏形出现

1978 年,安徽省凤阳县小岗村率先实行"包产到户"经济发展模式,乡村经济体制改革由此拉开序幕。家庭联产承包责任制极大激发农民积极性,极大促进农村经济发展。经济的变革引发治理方式的调整,1980 年,广西壮族自治区河州市合寨村探索出了"村民自治"的乡村治理雏形,成为推行村民自治制度的先行者。[②] "政社合一"的乡村治理模式已不能适应经济发展模式,新的"乡政村治"治理模式登上历史舞台,人民公社被乡镇政府代替。这种模式体现了国家治理的民主化和法治化,核心是村民自治。

2. 乡村治理制度化,基层组织规范化

1982 年到 1988 年,国家乡村治理政策的相继出台,使乡村治理体系走向制度化。1982 年国家对乡村经济体制进行变革,由此乡村家庭承包经营为基础、统分结合的双层经营体制出台。相关乡村治理政策也作出相应规定,乡村设立的村民委员会为基层群众自治组织,有办理本居住地区的公共事务和公益事

① 蒋永穆,王丽萍,祝林林. 新中国 70 年乡村治理:变迁、主线及方向[J]. 求是学刊,2019,46(05):1-9.

② 马池春,马华. 中国乡村治理四十年变迁与经验[J]. 理论与改革,2018(06):21-29.

业,调解民间纠纷,协助维护社会治安等职能。乡村基层组织的组建能规避乡村治理风险,促进乡村社会稳定,有利于乡村和谐。20 世纪 80 年代初期,我国建立乡政府的试点工作在全国陆续展开,为乡村治理制度化提供可能,但基层组织建设形式多样、基层主体管理职能模糊甚至缺位等问题,对基层组织规范化提出进一步要求。1987 年《中华人民共和国村民委员会组织法(试行)》的颁布是乡村治理制度化建设的标志。乡村治理在成文法的指导下,坚定方向,乡村政治生态逐渐制度化,并成为国家政治不可或缺的重要组成部分。

3. 乡村治理组织化,村民管理自主化

乡村治理制度落地实施需要借助有效的乡村治理组织体系。1998 年,新修订的《中华人民共和国村民委员会组织法》颁布实施,提出“村民委员会是村民自我管理、自我教育、自我服务的基层群众性自治组织,实行民主选举、民主决策、民主管理、民主监督”。随后,村民理事会、村务监事会、红白理事会、老年人协会等组织建立,乡村治理不再局限于村民委员会,组织形式更加丰富,村民积极性提高,乡村自治实施载体更加多样。

4. 三治结合,乡村治理整合化

为实现人民对美好生活的向往,党的十九大提出实施乡村振兴战略,按照“产业兴旺、生态宜居、乡风文明、治理有效、生活富裕”总体要求,全面推进乡村振兴。2018 年我国构建乡村“三治结合”的治理机制。伴随乡村振兴战略的实施,乡村治理进入了“自治、法治、德治”相结合的新时代,乡村治理体系逐步趋于整合,国家和乡村步调一致,这对促进乡村振兴、农民幸福、治理有效等都有重要意义。

（六）乡村振兴战略使三大产业融合发展

1. 农业产值下降，第三产业蓬勃发展

精准扶贫是乡村振兴的前提，乡村产业发展是精准扶贫的重要举措。为改变贫困人口的“等、靠、要”观念，国家对乡村的扶持从“输血”向“造血”转变。各级政府通过合理利用乡村资源，推进生态产业发展，丰富产品形态，提升服务质量，从而实现贫困人口脱贫，并在脱贫过程中对生态环境进行保护，实现美丽宜居乡村建设目标，促进乡村绿色产业的发展。乡村产业发展从以农业为基础到三大产业协同发展，农业地位更加巩固，服务业对经济发展的贡献趋于第一位。通过对中国统计年鉴数据进行分析，第一产业和非农业产业结构发展历程如表 2－2 所示。

表 2－2　改革开放以来我国三大产业结构演变

年份	国内生产总值（亿元）	第一产业生产总值（亿元）	第一产业占比（%）	第二产业生产总值（亿元）	第二产业占比（%）	第三产业生产总值（亿元）	第三产业占比（%）
1978	3678.7	1018.5	27.7	1755.1	47.7	905.1	24.6
1979	4100.5	1259.0	30.7	1925.3	47.0	916.1	22.3
1980	4587.6	1359.5	30.0	2204.7	48.1	1023.4	22.3
1981	4835.8	1545.7	32.0	2269.0	47.0	1121.1	23.2
1982	5373.4	1761.7	32.8	2397.6	44.6	1214.0	22.6
1983	6020.9	1960.9	32.6	2663.0	44.2	1397.1	23.2
1984	7278.5	2295.6	31.5	3124.7	43.0	1858.2	25.5
1985	9098.9	2541.7	28.0	3886.4	42.7	2670.8	29.4

续表

年份	国内生产总值（亿元）	第一产业生产总值（亿元）	第一产业占比（%）	第二产业生产总值（亿元）	第二产业占比（%）	第三产业生产总值（亿元）	第三产业占比（%）
1986	10 376.2	2764.1	26.6	4515.1	43.5	3097.0	30.0
1987	12 174.6	3204.5	26.3	5273.8	43.3	3696.3	30.4
1988	15 180.4	3831.2	25.2	6607.2	43.5	4742.0	31.2
1989	17 179.7	4228.2	24.6	7300.7	42.5	5650.8	32.9
1990	18 872.9	5017.2	26.6	7744.1	41.0	6111.6	32.4
1991	22 005.6	5288.8	24.0	9129.6	41.5	7587.2	34.5
1992	27 194.5	5800.3	21.3	11 725.0	43.1	9669.2	35.6
1993	35 673.2	6887.6	19.3	16 472.7	46.1	12 313.0	34.5
1994	48 637.5	9471.8	19.5	22 452.5	46.2	16 713.1	34.4
1995	61 339.9	12 020.5	19.6	28 676.7	46.8	20 642.7	33.7
1996	71 813.6	13 878.3	19.3	33 827.3	47.1	24 108.0	33.6
1997	79 715.0	14 265.2	17.9	37 545.0	47.1	27 904.8	35.0
1998	85 195.5	14 618.7	17.2	39 017.5	45.8	31 559.3	37.0
1999	90 564.4	14 549.0	16.1	41 079.9	45.4	34 935.5	38.6
2000	100 280.1	14 717.4	14.7	45 663.7	45.5	39 899.1	39.8
2001	110 863.1	15 502.5	14.0	49 659.4	44.8	45 701.2	41.2
2002	121 717.4	16 190.2	13.3	54 104.1	44.5	51 423.1	42.2
2003	137 422.0	16 970.2	12.3	62 695.8	45.6	57 756.0	42.0
2004	161 840.2	20 904.3	12.9	74 285.0	46.0	66 650.9	41.2
2005	187 318.9	21 806.7	11.6	88 082.2	47.0	77 430.0	41.3

续表

年份	国内生产总值（亿元）	第一产业生产总值（亿元）	第一产业占比（%）	第二产业生产总值（亿元）	第二产业占比（%）	第三产业生产总值（亿元）	第三产业占比（%）
2006	219 438.5	23 317.0	10.6	104 359.2	47.6	91 762.2	41.8
2007	270 092.3	27 674.1	10.2	126 630.5	46.9	115 787.7	42.9
2008	319 244.6	32 464.1	10.2	149 952.9	47.0	136 827.5	42.9
2009	348 517.7	33 583.8	9.6	160 168.8	46.0	154 765.1	44.4
2010	412 119.3	38 430.8	6.9	191 626.5	46.5	182 061.9	44.2
2011	487 940.2	44 781.5	9.2	227 035.1	46.5	216 123.6	44.3
2012	538 580.0	49 084.6	9.1	244 639.1	45.4	244 856.2	45.5
2013	592 963.2	53 028.1	8.9	261 951.6	44.2	277 983.5	46.9
2014	643 563.1	55 626.3	8.6	277 282.8	43.1	310 654.0	48.3
2015	688 858.2	57 774.6	8.4	281 338.9	40.8	349 744.7	50.8
2016	746 395.1	60 139.2	8.1	295 427.8	40.0	390 828.1	52.4
2017	832 035.9	62 099.5	7.5	331 580.5	40.0	438 355.9	52.7
2018	919 281.1	64 745.2	7.0	364 835.2	40.0	489 700.8	53.3
2019	990 865.1	70 466.7	7.1	380 670.6	39.0	534 233.1	54.0
2020	1 015 986.2	77 754.1	7.6	384 255.3	37.82	553 976.8	54.52

数据来源：国家统计局. 中国统计年鉴[DB/OL].(2021－10－12)[2022－02－18]. http://www.stats.gov.cn/tjsj/ndsj/2021/indexch.htm.

从表2－2可以看出，第一产业在国内生产总值中的占比总体呈下降态势，近年来占比不到10%。第二产业的变化相对较小；第三产业的增长速度超过第二产业，占比最大。

由图2－11可以看出，第一产业从1978年以来发展平稳，20世纪90年代发展持续低于第二、三产业;在1990—2012年期间,第二、三产业发展趋势相近,第二产业发展规模稍大于第三产业;从2012年开始,乡村第三产业的增长速度最快。总之,现阶段第三产业占据领先地位,三大产业协同发展。

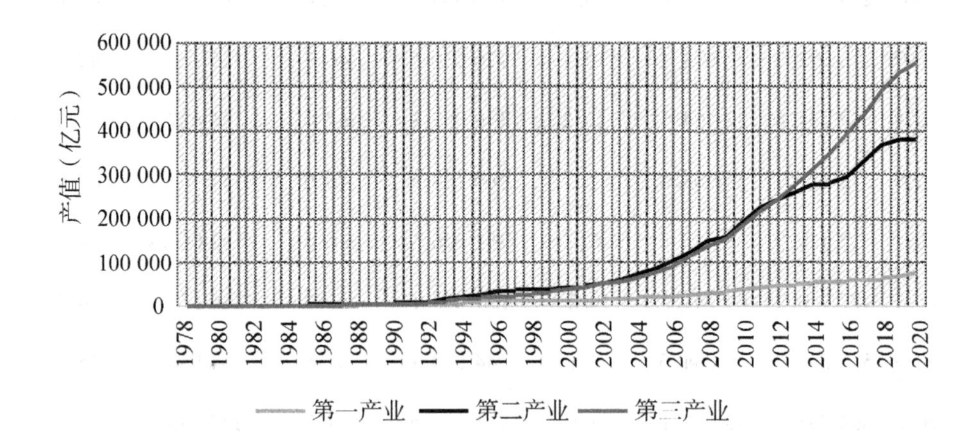

图2-11 改革开放以来我国乡村三大产业国内生产总值

数据来源:国家统计局.中国统计年鉴[DB/OL].(2021-10-12)[2022-02-18].http://www.stats.gov.cn/tjsj/ndsj/2021/indexch.htm.

2.时代进步,乡村三大产业协同发展

(1)农耕文化时期,以农业发展为主

改革开放前,农业是国民经济的主导产业,人民公社快速发展,乡村产业运营方式呈现集体化特点,管理体制上社营、队营并存,统称为"社队企业"。①"社队企业"呈现快速发展态势,1965年至1976年,社办工业产值由5.3亿元增加到123.9亿元。②

① 张旭,隋筱童.我国农村集体经济发展的理论逻辑、历史脉络与改革方向[J].当代经济研究,2018(2):26-36.

② 姜春海.中国乡镇企业发展历史回顾[J].乡镇企业研究,2002(02):9-12.

农业发展在改革开放后发生重大改变，农业在国内生产总值的占比从1978年的27.7%下降到2020年的7.6%，退出主导地位。虽然农业比重下降，但它的发展状况对整个国民经济的发展仍有重要影响。如何在现代化发展阶段，使农耕经济更好地造福于民，是现阶段要考虑的问题。

（2）工业化时代，乡镇企业异军突起

1978年后，农民成为土地的主人，生产积极性提高。但是乡村经济的发展不应仅限于农业范畴，农民应有更广阔的致富渠道，于是乡镇企业快速发展。

由表2-3可以看出，1978—1982年，乡镇企业发展受限，虽然企业总产值从493.07亿元增长到853.08亿元，利润总额从88.09亿元增长到129亿元，但是企业个数呈持续下降态势；1984—1992年，乡镇企业的所有制形式发生巨大变化，非集体乡镇企业迅速发展，出现了多种多样的经济形式和经营方式，户办和联办企业得到快速发展。[①] 企业数量从606.52万个增长到2092万个，总产值从1709.89亿元增长到17 659.7亿元。利润总额从188亿元增长到1079亿元。1992—1996年是乡镇企业发展辉煌期，企业总产值和利润总额年均增长率分别为41.86%和43.62%，虽然企业数量增长有波动，但总体呈上升趋势；1994—2000年，乡镇企业增长率持续下降。

表2-3　1978—2000年中国乡镇企业发展概况

年份	总产值（亿元）	增长率（%）	企业个数（万个）	增长率（%）	利润总额（亿元）	增长率（%）
1978	493.07	—	152.42	—	88.09	—
1980	656.90	19.78	142.46	-3.77	118.38	5.69
1982	853.08	14.46	136.17	1.89	129	4.88

① 王丽霞，何彦峰．天水市农村产业结构现状与突破路径探析［J］．中国集体经济，2020（31）：45-47.

续表

年份	总产值（亿元）	增长率（%）	企业个数（万个）	增长率（%）	利润总额（亿元）	增长率（%）
1984	1709.89	68.16	606.52	350.48	188	37.23
1986	3540.87	29.78	1515.3	23.96	379	31.88
1988	6495.66	35.78	1888.16	7.87	550.02	44.36
1990	9581.1	28.98	1873	0.39	608	6.71
1992	17 659.7	51.95	2092	9.59	1079	48.42
1994	45 378.5	35.03	2495	1.71	2572	30.82
1996	68343	19.27	2336	6.04	4351	17.69
1998	96 693.6	7.56	2004	-0.55	5112	5.08
2000	116 150	7.12	2084	0.5	5883	9.11

数据来源:国家统计局.中国统计年鉴[DB/OL].(2001-10-12)[2022-02-18].http://www.stats.gov.cn/tjsj/ndsj/2001c/mulu.htm.

注:数据修约数位均以数据来源处为准,未补齐;—表示数据无法获得。

乡镇企业有利于发展繁荣乡村经济,增加农民致富渠道,加快乡村现代化进程,缩小城乡差距,在城乡一体化进程中发挥着至关重要作用,为国民经济发展贡献着自己的力量。但乡镇企业的发展受各种因素限制,存在布局不合理、品牌产品较少、农产品深加工不足、经营风险较大等弊端。[①] 如何克服乡镇企业局限,突破农业单产阶段,拓宽农民增富渠道,是乡镇企业发展需要关注的问题。

(3)生态文明时代,绿色产业兴起

第三产业作为一种新兴产业发展迅速,在前期与第二产业齐头并进,2012

① 张岩,董涵,仇玉凤,等.新农村建设背景下的乡村生态旅游开发研究[J].农业经济,2013(03):81-82.

年以后迅速发展，超过第二产业对经济的贡献度，跃居第一位。第三产业在增长模式、经济贡献、政策支持方面都占有优势。第三产业在乡村的发展主要体现在乡村旅游业方面。

乡村旅游业在20世纪80年代兴起，发展初期是以“农家乐”和“节日活动”的形式展开，初见经济成效后被大量模仿。1989年中国乡村旅游协会成立，这是中国乡村旅游兴起的重要标志。进入90年代乡村旅游业发展壮大，由起初的靠近城区的农民自发举办的活动到靠近大城市的乡村利用自身资源，吸引旅客来观光。从2000年开始，乡村旅游业发展从单一形式向多元形式转变，如“绿色庄园”“都市农庄”等乡村旅游形式逐渐发展。①

乡村旅游业发展中期，乡村旅游不仅由农民自发举办，政府也积极对其进行优化。随着“三农”问题被重视，建设社会主义新农村重大历史任务的推进，“乡村旅游主题年”活动的展开，以及《全国休闲农业发展“十二五”规划》的颁布，中国乡村旅游业进入制度化阶段，度假旅游成为主要的乡村旅游形式。旅游业成为增加就业岗位与农民收入的重要产业，为乡村经济注入新鲜血液。

乡村旅游业发展后期，乡村旅游业快速发展并进入“大乡村旅游时代”。相关数据显示，2019年上半年全国乡村旅游总人次达15.1亿次，同比增长10.2%；乡村旅游就业总人数886万人，同比增加7.6%。乡村旅游业在促进乡村产业发展、群众就业、环境改善、增强城乡内部有效连接、缩小城乡差距等方面，发挥了巨大作用。但是现阶段的乡村旅游业尚存在下列主要问题：旅游景点分布不均，各区联合度不紧密；优质旅游资源密度地区差异大，各地通达度不够；旅游纪念品开发滞后，宣传力度不大；旅游人才缺乏。这些问题需要在持续发展的过程中时刻关注。总之，乡村旅游业推动乡村生态环境、农业、林业及教育等的深度融合，有利于城乡协调一体化发展与美丽乡村宏伟建设目标的

① 王勇.高质量发展视角下推动乡村旅游发展的路径思考[J].农村经济，2020(08)：75－82.

实现。

乡村生态在改革开放四十余年里发生巨大的变化,绿色发展是乡村生态发展的主流方向。乡村生态治理是乡村振兴的必要条件,乡村振兴战略为乡村生态治理提供政策支持。[①] 两者相辅相成,为建设宜居的美丽乡村提供了重要发展策略。

二、乡村生态治理与改善

乡村振兴战略是在党的十九大报告中提出的重大战略,从顶层设计角度为改善乡村生态作出政策引导。2018 年 9 月,中共中央、国务院在《乡村振兴战略规划(2018—2022 年)》中,针对当前乡村经济社会发展中普遍面临的突出矛盾和问题,对当前乡村的生态环境、教育、产业、文化、人口与生态发展等作出重要部署,指出我们要有效地统筹各个方面的乡村生态建设,使其相互促进、共同发展,把保护生态宜居环境作为重点,致力于实现人与自然和谐共生,创造美丽生态和人民美好生活。[②]

在保护和改善乡村教育生态方面,国务院发布了《关于全面加强乡村小规模学校和乡镇寄宿制学校建设的指导意见》,要求全面加强两类学校建设和管理,不断提高乡村教育质量。[③] 2019 年 1 月 3 日,中共中央、国务院在《关于坚持农业农村优先发展做好"三农"工作的若干意见》中指出要着力解决脱贫攻坚

---

① 宋倩倩. 全域旅游背景下舟山海岛渔村旅游发展研究[D]. 舟山:浙江海洋大学,2019:10-15.

② 中共中央 国务院. 乡村振兴战略规划(2018—2022 年)[DB/OL]. (2018-09-26)[2020-11-22]. http://politics.people.com.cn/n1/2018/0926/c1001-30315263.html.

③ 国务院办公厅. 关于全面加强乡村小规模学校和乡镇寄宿制学校建设的指导意见[DB/OL]. (2018-04-25)[2020-11-22]. http://www.gov.cn/zhengce/content/2018-05/02/content_5287465.html.

的突出问题,落实已有政策部署,继续加强生态建设,确保到2020年,能够顺利实现农村改革发展的目标和任务。[①] 2020年1月2日,中共中央、国务院在《关于抓好"三农"领域重点工作确保如期实现全面小康的意见》中指出要瞄准全面建成小康社会的目标,集中力量完成脱贫攻坚战这场战役,确保农村社会和谐稳定发展。[②] 2020年8月28日,教育部等六部门发布《关于加强新时代乡村教师队伍建设的意见》,指出要为乡村教师的成长与发展提供相应的政策支持与培养渠道,通过各方面建设提高乡村师资水平,打造公平有质量的乡村教育。[③]

在党中央的领导与部署下,山西省委与政府积极贯彻落实党的十九大精神与乡村振兴战略要旨,牢牢把握乡村生态的合理构建,在脱贫攻坚与精准扶贫决策的实施中,坚持一切从乡村人民的实际利益出发,统筹城乡生态一体化发展,着力打造极具乡村特色与优势、城乡协调发展的新型发展格局,为全面建成小康社会作出一系列政策引导,使得山西省的乡村生态有了更好的改善与发展。

2021年2月21日,中共中央、国务院发布《关于全面推进乡村振兴加快农业农村现代化的意见》,提出民族要复兴,乡村必振兴,要逐步推进农业农村现代化,以期打造农业强、农村美、农民富的乡村新貌。[④] 接下来分别从人居环境、脱贫攻坚、教育、文化、人才五个方面细数山西省乡村治理的重要成果与改善状

---

① 中共中央 国务院. 关于坚持农业农村优先发展做好"三农"工作的若干意见[DB/OL]. (2019-01-03)[2020-01-22]. http://www.gov.cn/gongbao/content/2019/content_5370837.htm.

② 中共中央 国务院. 关于抓好"三农"领域重点工作确保如期实现全面小康的意见[DB/OL]. (2020-01-02)[2020-09-20]. http://www.gov.cn/gongbao/content/2020/content_5480477.htm.

③ 教育部等六部门. 关于加强新时代乡村教师队伍建设的意见[DB/OL]. (2020-8-28)[2020-12-02]. http://www.moe.gov.cn/srcsite/A10/s3735/202009/t20200903_484941.html?pc_hash=lxhuF3.

④ 中共中央 国务院. 关于全面推进乡村振兴加快农业农村现代化的意见[DB/OL]. (2021-01-04)[2021-02-13]. http://www.moa.gov.cn/xw/zwdt/202102/t20210221_6361863.htm.

况,以此来反映乡村振兴战略的实施成效和乡村生态的治理成效。

(一)加强环境立法,改善乡村的人居环境

乡村生态环境改善关系着乡村振兴战略的实施。改善农村人居环境,建设美丽宜居乡村,是实施乡村振兴战略的一项重要任务。2018 年 2 月 5 日,中共中央办公厅、国务院办公厅印发《农村人居环境整治三年行动方案》,专门针对农村人居环境各方面整治作出部署,并发出通知要求各地区各部门结合实际认真贯彻落实。① 从中央到地方推出的一系列关于农村人居环境的改善政策和行动计划,促使相关环境部门建立健全法律法规,大力促进农村生态的改善,建设让村民满意的人居环境。

1. 创新乡村人居环境治理模式

党的十九大以来,我国创新农村人居环境治理模式并在法律层面进行落实。从以往的实践中可以看出城市的治理模式不适合乡村,《农村人居环境整治三年行动方案》考虑到农村实际情况与问题解决的特殊性,放弃了城乡地区的统一管理模式,提出适用于农村地区的环境管理模式,并在立法层面进行落实;提倡各地依照当地的具体实际制定适合自身的治理模式,同时积极学习江浙地区的先进管理经验与治理模式,结合当地实践深入开展试点示范,总结并提炼出符合当地实际的环境整治经验,以及可以复制与推广的管理运行模式,正确处理矛盾普遍性与特殊性之间的关系,按照一切从实际出发的原则打造当地独具特色的治理模式。②

---

① 中共中央 国务院. 农村人居环境整治三年行动方案[DB/OL]. (2018-02-05)[2020-11-22]. http://www.gov.cn/gongbao/content/2018/content_5266237.htm.

② 中共中央 国务院. 农村人居环境整治三年行动方案[DB/OL]. (2018-02-05)[2020-11-22]. http://www.gov.cn/gongbao/content/2018/content_5266237.htm.

2. 构建乡村人居环境法律体系

我国农村人居环境管理面临的主要问题之一是缺乏专门的制度及相应的法律规范。农村人居环境治理需要不断强化法治思维,用法治为农村人居环境的整治和建设保驾护航。[①] 习近平总书记指出:“要及时总结实践中的好经验好做法,成熟的经验和做法可以上升为制度、转化为法律。”[②]当前,环境保护法增加了农村人居环境保护的内容,增加相关条款形成专章来规范农村人居环境建设的相关制度,在法律层面细化了有关农村人居环境治理的具体要求与运行制度。但仍需要在现有环境保护法的基础上,形成农村人居环境完整专门的法律体系。

(二)脱贫攻坚工程大大改善乡村贫困人口的生活质量

实现全面脱贫是2020年实现全面建成小康社会最为重要且艰巨的任务,为此党和国家站在国家发展全局的战略高度对脱贫工作作出明确指示。党的十九大以来,国家把坚决打赢精准脱贫攻坚战作为实施乡村振兴战略的重点任务,最终实现贫困人口的全部脱贫,圆满地全面建成小康社会,实现第一个百年奋斗目标。山西省是脱贫攻坚的重要战场,党的十九大以来,通过精准扶贫和攻坚克难,全省于2019年实现贫困人口全部脱贫。山西省这一成就的取得是在以习近平同志为核心的党中央的坚强领导下进行的,是在山西省委省政府的直接指挥下,广大山西人在艰难困苦中拼搏出的极富山西特色的脱贫之路。

---

① 刘鹏,崔彩贤. 新时代农村人居环境治理法治保障研究[J]. 西北农林科技大学学报(社会科学版),2020,20(05):104.

② 习近平. 坚持、完善和发展中国特色社会主义国家制度与法律制度[J]. 求是,2019(23):3-6.

1. 通过产业扶贫推动乡村跨越式发展

自2013年开始,山西省就开始把实施百企千村产业扶贫工程作为山西省扶贫工作的重头戏,以产业化扶贫的方式,打造独具特色的乡村产业化、城镇化、生态化产业扶贫道路,打一场产业扶贫开发攻坚战。

山西省的产业扶贫是在不断摸索中前进的,山西省产业扶贫的成功是在政府、企业、农民的有机配合下取得的成功。为了更好地实施产业扶贫,为乡村产业化建设提供充足空间,山西省政府自2013年来连续多年实施易地扶贫搬迁工程,既改善了农民的居住条件,也给产业化建设腾出了空间。山西省通过城乡土地增减挂钩、搬迁地配套产业开发以及企业产能开发奖励这三项措施有力地推动了易地扶贫搬迁工作的开展。此外,为了进一步推动产业扶贫项目开发,增加贫困地区人口收入,山西省依托百企千村扶贫产业开发项目创造的就业岗位,组织省内企业及各类经营主体,瞄准乡村建档立卡贫困户尤其是待业在家的乡村人员,创立培训补助与就业补贴机制,为众多企业输送了一大批务工人员。长期以来融资难一直是制约贫困地区农业企业发展的"牛鼻子",为了破解这个难题,山西省有关部门选择参与百企千村产业扶贫项目的知名企业开展私募债试点工作,大大减轻了参与产业扶贫企业的困难,推动了产业扶贫项目的进一步发展。山西省产业扶贫项目主要集中在养殖业扶贫、种植业扶贫、电商扶贫、旅游扶贫、光伏扶贫等方面,其中在光伏扶贫方面,山西省已经处于全国领先位置。① 在山西省产业扶贫项目的推动下,近千家企业和经营个体投入到乡村扶贫过程中去,有力地带动了当地经济的发展。光伏产业的重点县主要是右玉县,其在电力企业的支援之下,在2018年上半年建设了相应的光伏项目,在未来的二十年内将帮助许多贫困农户增加收入。在这样的情况下,2018

---

① 徐一丁. 政策性金融的精准扶贫[J]. 中国金融,2017(11):83-84.

年8月份，右玉县全县脱贫。①

运用精准扶贫因地制宜的原则提高扶贫的质量。精准扶贫是实现全面建成小康社会，完成贫困人口全部脱贫的重要扶贫战略。山西省在实施精准扶贫战略中对贫困户进行精准识别，对贫困户逐个建档立卡，在精准识别的基础上进行精准帮扶，深入了解扶贫对象致贫原因，制定精准帮扶计划使得帮扶更有力度与成效，并及时对扶贫对象进行评估，按照一定的标准做到精准脱贫。② 山西省政府在实施精准扶贫时贯彻因地制宜的原则，鼓励地方把握矛盾的特殊性，坚持立足本县域和贫困村特点，因地制宜探索脱贫创新举措，提高资源的利用效率。诸如山西探索形成的政府"购买式造林"生态扶贫模式，是在贫困地区进行实地考察的基础上实施的既改善生态又致富的生动实践。③ 脱贫攻坚战打响以来，山西省58个贫困县组建造林专业合作社3378个，完成造林820.8万亩（约合54.7万公顷），退耕还林473万亩（约合31.5万公顷）、造林绿化1300万亩（约合86.7万公顷），3.18万建档立卡贫困劳动力受益，每年带动50多万贫困人口增收10亿元以上。

2. 持续做好乡村低收入人口的常态化帮扶

2019年山西省所属59个贫困县全面脱贫，但由于长期以来经济薄弱，乡村经济发展仍然存在着许多问题。如何在新形势下精准识别乡村低收入人口，做好低收入人口的常态化帮扶，确保已脱贫人口不返贫是地方各级政府新的奋斗目标，也是衡量各地乡村经济发展的重要指标。

在关于乡村低收入人口的精准识别方面，山西省民政厅根据中央有关部门

---

① 卫一超，王瑞，马慧敏. 浅析山西产业扶贫现状及问题[J]. 现代农业研究，2020(10)：132－134.

② 赵建军. 精准扶贫攻坚克难：访山西省扶贫开发办公室主任王立伟[J]. 农产品加工，2014(03)：34－35.

③ 齐利平. 促进山西贫困地区脱贫质量提升的路径与策略探究[J]. 经济研究参考，2018(52)：4－10.

意见并结合山西省的具体实际,于2021年12月印发了《山西省最低生活保障对象审核确认办法》,对最低生活保障对象的审核标准作了明确的规定,其中明确提出:“持有本省常住户口的居民,共同生活的家庭成员,人均收入低于当地最低生活保障标准,且家庭财产状况符合当地人民政府规定条件的,应当按规定程序确定为低保对象。”办法还对一些特殊群体的认定方法提出明确要求。①

在农村低收入人口的帮扶措施方面,山西省委省政府印发了《关于全面推进乡村振兴加快农业农村现代化的实施方案》,方案提出:“展开农村低收入人口动态监测,实行分层分类帮扶。对有劳动能力的,坚持开发式帮扶,提高内生发展能力,发展产业、促进就业,依靠双手勤劳致富。对丧失劳动能力的且无法通过产业就业获得稳定收入的,以现有社会保障体系为基础,按规定纳入农村低保或特困人员救助供养范围,及时给予救助。落实好城乡居民补充养老保险制度,精准核实保障对象,引导子女履行义务,防止农村低收入老年人口返贫致贫。”②

(三)通过教育均衡化发展和乡村教师优惠政策逐渐缩小城乡教育差距

教育在阻断代际贫困促进社会公平中发挥着重要的作用,均衡享有教育资源对于彰显社会的公平和谐,实现城乡协调发展意义重大。城乡之间的教育差距使得乡村学生在发展中长期居于弱势地位,因此在乡村振兴战略中要把乡村教育的发展放在重要一环,注重乡村教育生态的构建,议教育的发展展示乡村

① 山西省民政厅.山西省最低生活保障对象审核确认办法[DB/OL].(2022-01-12)[2022-1-25].http://mzt.shanxi.gov.cn/tzgg/tz/202201/t20220112_4445670.html.

② 山西省人民政府.关于全面推进乡村振兴加快农业农村现代化的实施方案[DB/OL].(2021-04-14)[2022-1-25].https://m.thepaper.cn/baijiahao_12251419? sdkver=64590f2e,2021-04-16.

建设成果。党的十九大以来,党和政府推出相关政策一方面加大资金投入,完善乡村学校的基础设施与相关服务,另一方面加强乡村学校师资力量建设,制定优惠政策,吸引优秀师资进乡村,从整体上提高乡村教育水平,实现城乡之间教育生态的良性互动与健康发展。

1. 均衡化配置乡村教育资源,促进教育公平

教育机会公平的前提是教育资源的合理公平分配。长期以来,城乡教育资源分配差距较大,乡村教育资源缺乏,教育质量不高,解决这一问题的关键是走城乡一体化道路,均衡配置教育资源。

公共教育资源配置应向乡村学校倾斜,通过教育扶贫促进乡村学校发展。2018 年 04 月 25 日,国务院办公厅在《关于全面加强乡村小规模学校和乡镇寄宿制学校建设的指导意见》中,要求对乡村学校统筹规划,合理布局,优化乡村教育规划布局,补齐乡村小规模学校和寄宿制学校短板。①

山西省各区域政府加大向贫困乡村地区的教育财政投入,全面改善贫困地区义务教育薄弱学校基本办学条件,实施农村义务教育营养改善计划,加大对贫困学生和贫困学校的财政补贴,完善乡村学校的基本办学条件,让乡村学生享有同等的教育资源与服务,使农村家庭的学生在学校中有更多的选择。② 党和政府对农村学校学生的生活条件也十分重视,2021 年 11 月教育部办公厅颁布了《关于做好北方地区农村学校冬季取暖工作的通知》,明确要求地方部门:"一是要提高政治站位,高度重视农村中小学校取暖工作;二是要加大财政支持力度,不让一所学校因为缺钱而受寒;三是要加强协调对接,优先保障学校取暖

① 国务院办公厅. 关于全面加强乡村小规模学校和乡镇寄宿制学校建设的指导意见[DB/OL]. (2018 - 04 - 25)[2020 - 11 - 22]. http://www.gov.cn/zhengce/content/2018 - 05/02/content_5287465.htm.

② 山西省教育厅. 山西省 2018 年教育扶贫行动计划[DB/OL]. (2018 - 03 - 08)[2020 - 11 - 22]. http://jyt.shanxi.gov.cn/ztzl_151/sxjyjzfp/zcfg/201903/t20190327_524203.html.

用能需求;四是要紧绷安全之弦,坚决杜绝取暖安全事故。”①政府实施对不同阶段教育的扶持与政策引导,促进义务教育均衡发展,指导贫困地区实施普通高中建设攻坚计划、优化高中阶段教育结构,做好示范性高中、高等教育和职业教育的对口帮扶工作等,从教育制度的各层级具体开展教育扶贫工作,着力促进乡村教育生态的良性运转。② 此外政府利用城市教育资源先进优势,采取措施支持城市和乡村教育融合发展,加大城市对乡村教育的对口支援,实现城乡教育资源共享、信息互通、利益共存。

2. 推动城乡教师合理流动,优化乡村师资配置

乡村学校教师的素质、师资水平直接影响乡村教育的质量与成效,优质的师资资源是乡村学校、乡村教育发展的根本动力。为此政府在政策上加大对乡村教师的倾斜与投入,给予乡村教师更多的优惠与选择,加强对乡村教师的素质技能培训,同时在教师管理制度上提高城乡教师的流动性,增加支援乡村教师的政策,增强政策的吸引性,让更多的优秀教育人才流入乡村。

2020 年 8 月 28 日,教育部等六部门印发《关于加强新时代乡村教师队伍建设的意见》,针对乡村教师存在的问题作出回应,指出在乡村教师的建设中要加强师德师风建设,为乡村教师提供更优惠的待遇与岗位编制,创新教师的培养模式,提高乡村教师的地位待遇,拓宽教师成长渠道,切实保障乡村教师的利益。③ 山西省各级政府为提高乡村教育师资水平,在教育扶贫行动计划中积极

① 教育部办公厅. 教育部办公厅关于做好北方地区农村学校冬季取暖工作的通知[DB/OL]. (2021 - 11 - 05)[2022 - 1 - 20]. http://www.moe.gov.cn/srcsite/A03/s7050/202111/t20211116_580076.html.

② 山西省教育厅. 山西省 2018 年教育扶贫行动计划[DB/OL]. (2018 - 03 - 08)[2020 - 11 - 22]. http://jyt.shanxi.gov.cn/ztzl_151/sxjyjzfp/zcfg/201903/t20190327_524203.html.

③ 教育部,中组部,中编办,等. 关于加强新时代乡村教师队伍建设的意见[DB/OL]. (2020 - 11 - 22)[2020 - 12 - 02]. http://www.moe.gov.cn/srcsite/A10/s3735/202009/t20200903_484941.html? pc_hash = lxhuF3.

推行中小学教师"县管校聘"管理改革，推动城镇优秀教师向乡村学校流动，在县域内重点推动校长、教师在优质学校和薄弱学校、城镇学校和乡村学校（教学点）之间合理流动。①

同时，国家实施了"特岗教师"政策，引导和鼓励高校毕业生从事农村义务教育工作，优化乡村地区师资配置。山西省实施乡村教师发展计划，进一步完善教师培训体系，组织实施"国培计划"，提高乡村教师培训质量，促进城乡教师之间的交流，传播先进优质的教育理念与教育方法，打造高质量的乡村教师队伍。②

3. 做好教育脱贫攻坚与乡村振兴的有效衔接

2020 年我国完成了脱贫攻坚的历史性任务，在中华大地消灭了绝对贫困，但乡村发展仍然存在很多问题，如何保证脱贫攻坚与乡村振兴有效衔接，保证已脱贫地区、已脱贫人口不返贫将是今后很长一个时期的重要任务。发展乡村教育作为脱贫攻坚的一项重点工程，在新的历史征程中我们不仅要确保原有发展成果不丢失，更要推动乡村教育走上一个新的高度。

2021 年教育部等四部门印发《关于实现巩固拓展教育脱贫攻坚成果同乡村振兴有效衔接的意见》，对于实现巩固拓展教育脱贫攻坚成果同乡村振兴有效衔接进行了明确部署。意见提出未来的工作目标是："脱贫攻坚任务完成后，设立 5 年过渡期。到 2025 年，实现教育脱贫攻坚成果巩固拓展，农村教育普及水平稳步提高，农村教育高质量发展基础更加夯实，农村家庭经济困难学生教育帮扶机制愈加完善，城乡教育差距进一步缩小，教育服务乡村振兴的能力和水

---

① 山西省教育厅. 山西省 2018 年教育扶贫行动计划[DB/OL]. (2018-03-08)[2020-11-22]. http://jyt.shanxi.gov.cn/ztzl_151/sxjyjzfp/zcfg/201903/t20190327_524203.html, 2018-03-08.

② 山西省教育厅. 山西省 2018 年教育扶贫行动计划[DB/OL]. (2018-03-08)[2020-11-22]. http://jyt.shanxi.gov.cn/ztzl_151/sxjyjzfp/zcfg/201903/t20190327_524203.html, 2018-03-08.

平进一步提升,乡村教育振兴和教育振兴乡村的良性循环基本形成。”[①]意见将教育系统未来的工作任务分为四部分:①建立健全巩固拓展义务教育有保障成果长效机制;②建立健全农村家庭经济困难学生教育帮扶机制;③做好巩固拓展教育脱贫攻坚成果同乡村振兴有效衔接重点工作;④延续完善巩固脱贫攻坚成果与乡村振兴有效衔接的对口帮扶工作机制。[②]

2021 年山西省教育厅根据教育部的指导意见并结合山西省的具体实践,发布了《关于实现巩固拓展教育脱贫攻坚成果同乡村振兴有效衔接的实施意见》,提出教育系统的重点任务是:巩固拓展义务教育控辍保学成果,持续改善义务教育办学条件,持续提升基础教育信息化水平,持续加强乡村教师队伍建设,持续实施农村义务教育学生营养改善计划,持续完善农村儿童教育关爱工作,持续精准资助农村家庭经济困难学生,持续加强农村家庭经济困难毕业生就业帮扶工作,持续提高普惠性学前教育质量,持续推进普通高中对口帮扶工作,持续加大脱贫县和乡村振兴重点帮扶县职业教育支持力度,打造升级版的一村一名大学生计划,持续推进乡村振兴育人工作,实施国家通用语言文字普及提升工程和推广普通话助力乡村振兴计划,开展好脱贫县和乡村振兴重点帮扶县高校思想政治教育实践活动。[③]

---

① 教育部,国家发展改革委员会,财政部,等. 关于实现巩固拓展教育脱贫攻坚成果同乡村振兴有效衔接的意见[DB/OL].(2021-04-30)[2022-1-20]. http://www.moe.gov.cn/srcsite/A03/s7050/202105/t20210514_531434.html.

② 教育部,国家发展改革委员会,财政部,等. 关于实现巩固拓展教育脱贫攻坚成果同乡村振兴有效衔接的意见[DB/OL].(2021-04-30)[2022-1-20]. http://www.moe.gov.cn/srcsite/A03/s7050/202105/t20210514_531434.html.

③ 山西省教育厅. 关于巩固拓展教育脱贫攻坚成果有效衔接乡村振兴的实施意见[DB/OL].(2021-04-14)[2022-1-20]. http://www.shanxi.gov.cn/zw/zfwj/swygwj/202104/t20210414_899541.shtml

（四）多举措力促乡村文化建设回归乡土

加强社会主义文化建设对于有效推进社会主义核心价值体系建设和全面提高公民道德素质有着重要的现实意义。[①] 乡村文化建设不仅是社会主义文化事业的组成部分，而且是乡村振兴战略的重要一环。十九大以来，党和政府通过各种政策与手段全面加强乡村文化建设，加强对村民的思想道德教育，挖掘乡村优秀传统文化，使得乡村文化回归乡土，重新焕发生机与活力。乡村文化建设为美丽乡村的建设注入了精神与灵魂，极大地改善了村民的精神风貌，乡村的文明程度得到极大提高。

1. 加大乡村文化基础设施建设，促进乡村文化事业发展

文化基础设施建设是文化发展的基础与保障，因此发展文化必须从基础设施建设入手。山西省政府采取政府购买服务、项目补贴、定向资助等方式，支持社会各类文化组织和机构参与乡村公共文化服务，加强乡村基层公共文化体育设施建设，完善无线电视网络广播等信息通信设备建设，创办农家书屋、电影戏曲放映等室内外重点乡村文化体育设施。文化基础设施的完善与发展，乡村公共文化服务的健全，带来乡村文化事业的发展与繁荣。

2. 加强乡村思想道德建设，促进社会安定和谐

通过“文化下乡”等政策的实施，许多优秀多样的文化艺术被带到乡村，深入村民的精神文化生活，它们致力于用村民喜闻乐见的形式传递科学知识和社会主义核心价值观，在其影响下乡村赌、偷等不良现象逐步减少，婚丧嫁娶习俗

① 罗雪飞. 刍议十八大对中国特色社会主义文化建设理论的创新与意义[J]. 现代国企研究，2016(04)：288.

也更加科学合理,参与封建迷信活动的人数减少,妇女们参与广场舞等文艺活动,丰富了闲暇生活。山西省各县还广泛开展文明村镇、星级文明户、文明家庭等群众性精神文明创建活动,提高村民争当先进的积极性,村民精神面貌发生了可喜变化,健康文明向上的生活方式悄然形成。“文化下乡”还使得各乡村镇之间文化交流不断增加,乡村的整体社会风气逐步好转。

3.挖掘乡村优秀传统文化,促进优秀乡土文化传承

山西省是一个历史文化底蕴浓厚的大省,根据国家保护与传承优秀传统文化的政策要求与当地实际,实施乡村文化记忆工程。政府在政策上一方面加强对传统古镇、古村落、古建筑等物质文化遗产的保护力度,另一方面探索传统村落遗产保护与文化传承新业态、新模式、新路径,建立传统村落保护利用示范区。在文化与经济的融合上,积极推进文旅村镇发展,深入挖掘山西农耕文化,培育一批特色文化旅游村落。在乡村文化发展上,立足于山西浓郁的乡土特色,传承发展民间音乐、地方戏曲、民间舞蹈、地方曲艺等民间艺术和传统手工技艺,形成具有一定影响力的地方品牌,提升传统乡村文化附加值,使优秀传统文化回归乡土,在保护传承创新的基础上焕发新的生机与活力。

(五)通过政策吸引鼓励支持各类人才投入乡村振兴建设

十九大以来,国家通过各种手段与政策鼓励各方面优秀人才关注乡村、投身乡村建设,鼓励乡村人口回乡创业、兴办产业,通过优秀产业的发展带动乡村经济水平提高,使得更多的优秀人才愿意致力于乡村产业建设,扎根乡村,为美丽乡村和富裕乡村的建设添砖加瓦。

1.鼓励乡村精英回乡创业,促进乡村产业发展

乡村社会发展需要大量的劳动力和精英人才,城市化发展吸引了大量的乡村劳动力和乡村精英,造成乡村优秀人才的短缺。发展乡村经济,创办乡村产业,搞活乡村经济,成为留住乡村精英、吸引城市精英的关键。政府通过政策加快乡村一二三产业融合,全面振兴乡村产业,因地制宜发展当地产业,着力打造生态农业和乡村旅游业相结合的发展模式。产业的振兴带来乡村就业岗位的增多,使得越来越多的乡村人才回归乡村,乡村成为未来中国经济发展新的增长点。各级政府在发展产业的同时加强对专业技术人才的培训,快速推进认定管理体制机制,完善扶持政策,并开展职业农民职称评定试点,塑造新时代乡村振兴战略下的职业农民。

2. 鼓励社会各界投身乡村建设,壮大乡村振兴的人才队伍

乡村建设需要各行业人才的支持,面对现阶段乡村治理人才短缺的现状,山西省政府实施引导社会各界参与乡村振兴战略的政策措施,发挥各类先进群团组织的优势和力量,发挥各民主党派和无党派人士的积极作用,鼓励社会各界投身乡村建设。发挥一切积极力量号召社会各界对乡村振兴的关注与投入,吸引社会各界优秀人才投身乡村建设,注重发挥人力资本的作用,创建一批素质过硬、理念先进、勇于创新、意志坚定、忠诚热情的乡村建设人才队伍。

十九大以来,党和政府着眼于乡村振兴与乡村各方面生态的治理与改善,从乡村人居环境、扶贫、教育、文化、人口等生态入手,一切从人民群众的实际利益出发,把“三农”问题摆在国家发展全局的核心位置,积极推进乡村振兴战略的实施。山西省的乡村生态治理是全国乡村生态治理的一个缩影,也是乡村振兴战略实施成效的见证。在未来,乡村生态治理将会在新的探索与治理中彰显出独具特色的乡村振兴态势,实现乡村生态的协调发展。

第三章　乡村生态治理现状调查

乡村生态治理关乎我国生态全局,乡村治理的现代化决定了国家整体的现代化水平。山西省作为全国的能源大省,乡村生态治理更加重要。调研山西省省域内乡村在人口、环境保护、教育文化、乡风民俗以及脱贫攻坚等方面的治理现状,有助于更好地针对各类问题提出可行性建议。

除省、市、县、区实名列举外,本研究将镇、乡、村、学校按字母加数字的方式进行顺序编码,调研中有关单位和人员按汉语拼音首字母进行编码。调研选取了山西省朔州、晋中、长治、忻州、晋城、临汾、吕梁、运城等市县域内的行政乡村,以及朔州、临汾、吕梁与运城各市县域内的乡村学校,分组深入样本地进行田野调查,了解当地现有人口及人口流动、产业发展、传统文化、教育及生态环境等方面的内容,除了向当地政府部门搜集相应数据资料外,也向村民发放问卷,了解乡村发展史,并到当地学校及家庭深入访谈,了解教育发展状况,以期对山西省县域内的乡村生态现状及治理情况有全面了解。

一、乡村人口生态

本节在了解山西省人口基本状况的基础上,经过对山西省域内各乡村的调研,列出了省域内调研样本的乡村人口状况、处境不利群体的现状及地方关爱举措、乡村养老的外部支持系统、乡村贫困人口状况及扶贫举措,以期以山西省为例，为全国人口生态治理提出可行性建议。

（一）乡村人口基本状况

1. 山西省人口基本状况

山西省统计局山西省人口抽样调查办公室在全省11个市、117个县（市、区）抽取了1224个乡（镇、街道），3187个村（居）委会，3196个小区，通过统计和推断对山西省的人口现状进行分析后，2020年3月6日在网上公布了2019年度全省人口变动情况抽样调查的主要数据。①

笔者通过这一数据总结出2019年山西省人口的总体特征有以下六点：

其一，全省人口的出生率、死亡率以及人口自然增长率较2018年，都有所下降；2019年年底常住人口为3729.22万人，比上年增加10.88万人。

其二，根据抽样调查推算，全省各市2019年年底常住人口运城市最多，其次是临汾市、太原市，常住人口最少的是朔州市和阳泉市。（见表3－1）

表3－1　山西省各市2019年底常住人口分布

单位：万人

城市	人数
运城市	537.26
临汾市	450.84
太原市	446.19
吕梁市	389.09
长治市	347.81

① 山西省人民政府.2019年山西省人口变动情况抽样调查主要数据公报[R/OL].(2020－03－10)[2020－03－06].http://tjj.shanxi.gov.cn/.

续表

城市	人数
大同市	346.30
晋中市	338.95
忻州市	317.28
晋城市	235.30
朔州市	178.45
阳泉市	141.75

其三,人口的年龄构成15~59岁人口占比最大,占比为67.57%;其次是0~14岁的人口为584.38万,占比为15.67%;占比最小的是65岁及以上的人口,占比为10.97%。

其四,性别构成中,男性多于女性。男性占比为50.89%,女性占比为49.11%,男女性别比为103.62∶100。

其五,家庭户人口调查中,平均每个家庭户人口为2.82人。

其六,全省常住人口中,居住在城镇的人口为2220.75万人,占常住人口的59.55%;居住在乡村的人口为1508.47万人,占常住人口的40.45%。

2. 调研样本乡村人口状况

对收集到的调研资料进行分析后得出调研样本乡村的人口状况,从性别构成、年龄结构、职业分布、政治面貌、文化程度和年收入六方面分析如下。

其一,在性别构成中,男性占比为40.65%,女性占比为59.35%,女性多于男性。这一比例也反映了城镇化发展背景下,乡村成年男性外出打工较多,女性则更多留守乡村。

其二,在年龄结构中,30岁以下的占比33.23%,30~45岁的占比30%,

46～59岁的占比33.87%，60岁及以上的占比2.9%。国家统计局将0～14岁、65岁及以上年龄阶段划为非劳动年龄人口，15～64岁年龄阶段划为劳动年龄人口。数据分析显示，乡村以劳动年龄人口为主，但非劳动年龄人口也占有一定比重。

其三，在职业分布上，以从事农业为主，占到44.84%；外出打工占到将近三分之一，还有一部分选择经商。为了增加收入，提升生活水平，很多青年进城务工，老人、妇女和儿童留守在乡村，严重影响了乡村人口结构的平衡性。

其四，在政治面貌上，6.45%为党员及预备党员，0.65%为民主党派，共青团员占22.26%，其余70.65%为群众。党员干部在乡村扶贫工作中起到了非常重要的引领作用。

其五，在文化程度上，初中文化及以下占比高达一半以上，高中文化占比21.29%，大专文化占比9.03%，大学本科及以上占比19.68%。可以看出村民普遍文化程度较低，但近年来在政策支持下，更多学生有机会接受高等教育。

其六，在年收入上，1000元以下占比8.06%，1000～3000元占比40%，3000～5000元占比26.13%，5000元以上占比25.81%。村民年收入仍处于较低水平。

（二）乡村处境不利群体现状及地方关爱举措

在这里，“乡村处境不利群体”主要包括留守妇女、留守老人、陪读妈妈、留守儿童和孤残儿童等，主要分析处境不利群体的现状和面临问题以及地方对他们的关爱举措。

1.留守妇女

随着20世纪80年代现代化进程的不断加快，乡村的剩余劳动力开始大规模向城市转移,使得乡村出现了一个新的社会弱势群体——留守妇女。[①]

(1)现状与面临的问题

在调研过程中发现,乡村留守妇女普遍面临以下问题:

第一,压力大,负担重。因为家里的主要劳动力外出打工,留守妇女既要照顾家里的老人孩子,又要忙家里的农活,劳动压力较大。[②] 同时,由于能力有限,导致收入较少且不稳定,经济压力很大。

第二,夫妻感情受到影响。根据访谈得知,大多数留守妇女的丈夫主要在太原、鄂尔多斯、苏州等城市打工,主要从事第三产业,经济、工作压力大,平时也较少回家。他们除了和妻子交流子女问题和老人问题外,很少过问家中其他事务,也不关注妻子的心理感受,夫妻之间缺乏沟通和交流,夫妻感情受到影响。

第三,普遍受教育程度低。受教育程度低导致她们大部分人思想观念相对保守,对于要求具备较高技术水平的工作或者其他工作机会缺乏认识或者没有竞争力,主要是为家庭服务,不敢进行其他尝试。

第四,对年迈父母和学龄孩子关心较少。在访谈中了解到,丈夫出去打工后,农活主要由留守妇女负责,她们农闲时还得在村里或者附近做零工,并从事家庭养殖,相对没有精力和时间专注于教育孩子和照顾老人,容易造成老人生活中没有依靠等,对于孩子的学习和优良习惯的养成也有一定的影响。

(2)地方关爱举措

第一,卫生计生等部门组织乡村妇女进行多种形式的健康体检和健康讲座等活动。一些乡村已经陆续为乡村妇女开展健康体检活动,关注乡村留守妇女的身体状况,致力于提高留守妇女卫生保健方面的知识水平。一般是组织乡村

① 许传新.农村留守妇女研究:回顾与前瞻[J].人口与发展,2009(06):54-60.

② 黄粹,王晓惠,顾容光.农村留守妇女社会支持系统的完善路径分析[J].农村经济与科技,2019,30(17):247.

妇女到户籍所在地县级指定医院进行检查,对贫困留守妇女实行医疗减免政策。

第二,由村党支部牵头,鼓励村民开展一些积极健康的活动,丰富留守妇女的精神生活。从问卷和访谈中可以看出,17.42%的留守妇女会经常参与村委会组织的广场舞活动,43.55%的留守妇女会自行结伴跳广场舞,广场舞已经成为乡村留守妇女非常喜爱的闲暇活动。例如,运城市芮城县A镇A1村村党支部始终坚持在传统节日编排各式各样的文艺节目,为评选出的“好媳妇”“好婆婆”“孝星”“五好家庭”等披红挂花进行表彰。

第三,妇联开展留守妇女的关爱帮扶活动。一是宣传妇女权益保障法的各项条款,向留守妇女普及各种保障妇女权益的法律法规,使她们更好地维护自身权益;二是妇联会到留守妇女家中了解其需求,解决其在生产、生活中遇到的各种困难;三是积极组织广场舞比赛等丰富多彩的文娱活动,丰富留守妇女的闲暇生活;四是积极开展各项专门针对留守妇女的教育培训活动,提高她们各方面的素质。

第四,村里成立相关的志愿服务队。志愿者定期上门提供服务,在农忙时帮助留守妇女,减轻其农活压力;开展各种扶贫活动,帮助留守妇女解决住房、赡养老人、子女教育等方面的实际困难。

有效的地方关爱举措不仅能够提升留守妇女自身素质,还能够保障留守妇女的基本权利,推动其融入社会,在一定程度上缓解其精神压力和物质压力,缓解其与老人、子女的关系,从而实现家庭和谐与乡村社会稳定。

2. 留守老人

子女外出务工持续3个月以上,留在原户籍所在地60周岁以上的父母称为留守老人。[①] 随着城镇化进程的加快,乡村留守老人群体也愈发庞大,这一群

① 夏海鹰. 农村“三留守”教育救助问题研究[M]. 北京:人民出版社,2018:6.

体对于乡村建设至关重要,需要社会各界给予更多的关注和关爱。

(1)现状与面临的问题

调研的乡村中,老年人留守家中的情况十分普遍,甚至个别村子的常住人口几乎全是留守老人,也有的村被称作“老人村”,因此对于留守老人这一特殊群体给予足够的关爱与保护十分重要,各村留守老人数量统计如表3-2所示。

表3-2 调研乡村留守老人数量统计表

单位:人

城市	乡村	留守老人数量
晋中市	介休市A乡A2村	>500
吕梁市	兴县A乡A1村	807
	兴县C镇C1村	64
	兴县C镇C2村	33
	兴县C镇C3村	40
临汾市	尧都区A镇A1村	257
	尧都区B镇B1村	880
朔州市	朔城区A乡A1村	>700
忻州市	保德县A乡A1村	397
	神池县A乡A1村	76

调研过程中发现留守老人普遍存在以下问题:

第一,精神上孤独寂寞。由于城乡一体化的推进,很多青年劳动力进城务工、学习或者在城市买房居住,老人因为习惯了乡村的生活环境,对于一直生活的地方有很深的感情,不愿意离开故土去城市居住。距离的原因导致亲情的疏离,老人难以获得子女的精神支持,常常感到孤独寂寞。①

第二,身体状况差。随着年龄的增长,人的身体机能日渐衰退,但很多留守老人仍然在从事繁重的农业生产,腰腿酸疼与心脑血管疾病等在这一群体中非

① 高永凤.农村空巢老人现象的成因及帮扶措施[J].现代农村科技,2019(04):102-103.

常普遍。在调研过程中发现,很多70岁以上的留守老人依然耕种大量农田,有的老人还会喂养家畜与家禽,农忙时家家户户都有自己的事情,再加上经济条件有限,所以老人一般自己干农活,有时身体承受不了可能就会生病住院。

第三,普遍面临经济上的困扰。很多老人收入极其有限,除去一年必要的花销,所剩无几。在兴县调研中发现,很多留守老人(以男性为主)在农闲时还会在村里或者附近打零工贴补家用,生病了也是硬扛着不去医院,生活质量无法保障。外出打工的子女因为小家庭各方面的花销较大,给老人的赡养费用不太稳定。很多地方为了方便管理,老人的养老补贴按季度发放,不能按需发放,一定程度上影响了乡村留守老人的日常生活。

第四,隔辈教育问题。隔辈教育出现的原因主要有两个:一是大量青壮年外出打工,经济或距离等各方面原因导致无法把自己的子女带在身边一起生活,所以把子女留在乡村;二是孩子父母离婚,把孩子全权委托给家中老人。在访谈中,一名乡村老人说道:"孩子可怜,父母也不在身边,咱年轻时候不知道疼人,现在懂得了,但是也不知道怎么和孩子交流,孩子咱也不能硬管,怕儿媳妇受委屈。"隔辈教育不但使孩子的教育受到影响,也使老人产生了一些担忧,造成较为严重的心理负担。

(2)地方关爱举措

第一,经济上保障留守老人需求,减轻留守老人经济压力,提高其生活质量。访谈过程中了解到有一个村子为60岁及70岁以上的老人每人每年发放200元到500元的慰问金,并且组织他们到运城市体检,外出旅游。2018年,村委会开始为70岁以上的老人祝寿送福等,此外还会为深度贫困老人购买生活必需品、缴纳电费等。

第二,乡村创新结对帮扶、生产帮扶、以老助老方式。组织志愿者进入留守老人家中,帮其整理房间,打扫庭院,陪其聊天,解决留守老人生活中的困难,尤其是病残老人的日常生活问题。在调研过程中还发现很多乡村都有老人日间照料中心,一般就在村委会所在地或村委会附近,为居住条件差或者家庭情况特殊的老人提供一个休息之所。运城市芮城县 A1 村在 2017 年投资 30 余万元建起了高标准的老年日间照料中心,每天照料 36 名老人免费用餐,很好地提升了村民的获得感和幸福感。

第三,组织开展健康检查活动和文化休闲活动。如定期为老人进行体检,开展健康知识讲座,向老人普及健康知识,在检查后,医生会把检查结果及时告诉老人及其家属,并给出预防和治疗建议。有的地方一年会有一两次戏曲文化活动,一般持续 3 ~5 天,这段时间很多亲戚都会走动起来,加强了相互间的沟通,也一定程度上拓展了老人的社交圈,丰富了留守老人的文化生活,相对缓解了他们的孤独感。

第四,对于解决留守老人面临的隔辈教育问题,在调研过程中没有发现有效的解决办法。现阶段只是由村委会成员不定期联系一下孩子父母或者是留守老人向亲戚求助。

3. 陪读妈妈

为了给孩子提供优质的教育资源,许多乡村家长甚至是经济条件不太好的家长都会选择把孩子送去县城或市里上学,在县城里或市里租房陪读,这就出现了陪读妈妈这一群体。一般有全职陪读和就业陪读两种类型。

(1)现状与面临的问题

2018 年影视剧《陪读妈妈》的播出,让更多人认识了这一群体。陪读妈妈背井离乡,不得不放弃原来的工作,离开自己熟悉的生活关系网络,因此陪读妈妈一般会遇到以下几方面问题。①

第一,新增加的经济压力。陪读妈妈从乡村到城市租房陪读,不只是换了一个地方这么简单,随之而来的还有经济压力。子女读书的费用以及各类兴趣班的费用,房租、水电费等必要的开支以及城市相对较高的物价,都给家庭增加

① 巩淑云. 农村“陪读妈妈”凸显了哪些问题?[N]. 甘肃经济日报,2019 - 12 - 17.

了不小的经济压力。一位陪读妈妈在访谈中说道:“陪读首先得经济条件允许才能陪读,没钱,你说温饱还解决不了,我每天跟着孩子陪读,谁来负担生活费用?”透露出陪读妈妈面对经济压力时的无奈。

第二,陪读妈妈对新环境、新生活的不适应。陪读妈妈到了一个完全陌生的环境,开始全然不同的陪读生活,新的人际关系和社交网络都会让陪读妈妈产生心理压力,导致社交危机。

第三,紧张的夫妻关系。陪读妈妈一般是和子女租房居住,其丈夫在村里务农或者外出务工,夫妻长期分居,不能及时交流,婚姻备受考验,容易产生婚姻危机。

第四,疏远的亲子关系。疏远的亲子关系,一方面是对陪读妈妈而言的,她们基本上把生活的重心放在子女身上,尤其是子女的教育问题上,当孩子学习成绩不如意时,陪读妈妈会经常性地抱怨,认为自己全部身心都在孩子身上,为什么付出与收获不成比例,反观孩子,会认为父母不爱自己,只关心自己的学习成绩,更有甚者认为自己是家庭的负担。另一方面是对父亲而言的,孩子处于需要家庭教育的关键期,但由于父亲和孩子分隔两地,亲子沟通减少,导致亲子关系紧张。

(2)地方关爱举措

第一,学校开展“家长一日一陪”活动。在兴县调研过程中,了解到某所初中开展“家长一日一陪”活动,即班级每天必须有一位同学的家长按照学校作息时间表进行陪读。据观察,陪读者大多数为妈妈。这一活动不仅可以丰富陪读妈妈的日常生活,拓宽其交际圈,更能使陪读妈妈了解子女在学校的表现,加深亲子沟通。

第二,妇联积极开展妇女创业创新发展等工作。山西省妇联广泛动员贫困妇女、陪读妈妈积极参加培训,熟练掌握技能,致力于将她们培养成经济独立、人格独立的新时代女性。

4. 留守儿童

父母双方外出务工或一方外出务工另一方无监护能力、不满16周岁的未成年人称留守儿童。据不完全统计,山西省留守儿童人数达16.68万人,男性9.36万人,女性7.32万人。留守儿童中单亲打工的有8.85万人,双亲在外打工的有7.75万人。

(1)现状与面临的问题

第一,乡村家庭结构严重失衡且留守儿童呈现低龄化趋势。根据问卷调查,有36.45%的村民常年在外打工,有35.81%的村民在有空的时候会外出务工,在访谈中一些村干部以及村民表示外出打工的原因是村里收入不行,城里挣钱多,而且外出打工的大多数都为乡村青壮年,致使乡村的劳动力短缺,乡村经济发展日益落后,形成恶性循环模式。同时,父母外出打工大多数都把孩子交给老人看管,直接导致乡村家庭结构失衡,出现大量的留守儿童,有些留守儿童被早早送去寄宿,产生了大量的低幼寄宿儿童。

第二,留守儿童学习较差,亲情缺失,性格容易产生缺陷。留守儿童与父母沟通较少,有距离感甚至很陌生,亲子感情淡化。一位教师说道:“留守儿童跟家长的交流是很少的,甚至有的时候都不交流,而且这些孩子的成绩也不太好,老师必须监督他们的学习。”青少年正处于性格等形成的发展期,长期与父母分离,极易导致孩子孤僻、自卑、叛逆、不服从家长管教。一位乡村教师提到,她所在的班级留守儿童较多,有个一年级的女孩,上课的时候让她用“我多想”来造句,她造的句子是“我多想爸爸妈妈,可是我只有爷爷奶奶”。

第三,留守儿童的人身安全问题。一是由于父母长期在外打工,亲子关系疏远,感情淡化,当孩子经受挫折时,缺乏及时的安抚,导致孩子产生不好的想法。二是因为留守儿童相对来说年龄较小,心智各方面还处于发展期,缺乏相应的安全意识,容易遭受外部侵害。

（2）地方关爱举措

第一，政府帮扶。在兴县B镇B2村B2小学调研时发现，B2村B2小学成立了兴县工商业联合会留守儿童之家。当地教育科技局和工商业联合会联合发文面向全县招收建档立卡贫困户子女、孤儿、贫困留守儿童。在兴县，2019年春季学期，国家政策资助及社会力量帮扶的孤困留守儿童已达240人次，帮助解决了留守儿童的实际困难。

第二，学校帮扶。B2小学是留守儿童之家帮扶点，全校88名学生，留守儿童有56名，其中建档立卡46人，孤儿4人，贫困家庭学生45人，生源来自附近12个乡镇。学校在教学楼一层专门建立了留守儿童之家，留守儿童可以在这里见父母也可以和父母视频通话，让父母及时了解他们的学校生活，在教学楼二层专门设置了心理咨询室，方便教师和学校领导及时了解和掌握留守儿童的心理变化，有效疏解他们可能面临的各种心理问题。父母长期在外打工、无人照看的学生，在节假日可以申请留校居住。学校一共有3个宿舍，两个女生宿舍和一个男生宿舍，宿舍干净整洁，配备齐全。食堂工作人员每天按照“B2小学一周食谱”做饭，由于没有独立的食堂（正在建设中），学生在教室里吃饭。此外校园还安装了监控，对学生的安全起到了一定的保护作用。学校为孩子营造一个虽不是家却胜似家的环境，让他们和其他孩子一样享受公平的教育生活资源，健康成长。

第三，社会公益团体帮扶。在兴县的一位留守儿童学校校长那里了解到社会公益资源比较多，包括实物资助和经济资助，学生的生活用品和文体用品都由社会力量资助。朔州市朔城区A乡A1村对学校在读留守儿童进行造册登记，并给予每年每生500元的补助。

（三）乡村养老的外部支持系统

乡村养老主要包括内部支持系统和外部支持系统。内部支持系统主要由乡村老人的配偶、子女以及左邻右舍、亲朋好友构成，外部支持系统就是由对乡村老人养老有重要影响的组织所形成的一个社会网络系统。乡村养老的外部支持系统主要是由政府、社区（居委会、村委会）和社会组织等构成，政府、社区和社会组织在“老有所依”方面起着不容忽视的作用。

1. 政府的支持

近年来，政府越来越重视乡村老人这一群体。2017 年国务院印发《“十三五”国家老龄事业发展和养老体系建设规划》，提出要加强乡村养老服务，繁荣老年消费市场，推进老年宜居环境建设，丰富老年人精神文化生活。2018 年《中共中央国务院关于实施乡村振兴战略的意见》中也提到要加强乡村社会保障体系、养老保障体系和老年人关爱服务体系的建设。党的一些重大会议以及一系列文件都涉及乡村老人养老这一主题，但是乡村老人的养老保障依然有很长一段路要走。

首先，逐步完善乡村社会保障体系，针对家庭困难的老年人放宽医疗报销比例，在经济方面给老人提供支持。其次，充分发挥舆论引导作用，不断加强孝文化建设，重点突出农村传统尊老敬老文化的弘扬，充分利用互联网进行传播，组织开展“尽孝心”等活动，营造尊老敬老、爱老孝老的社会风气。再次，充分运用法律维护农村老年人的权益。

2. 社区（居委会、村委会）的支持

社区是老年人活动的主要场所，部分老人会选择社区养老。社区养老是指由社区相关组织承担养老工作或托老服务的养老方式。[①] 因为这一养老方式既

① 王阳. 社区养老渐行渐远，选择居家养老的老人占 97%［EB/OL］.（2019－11－02）［2021－05－20］. http://news.cctv.com/2019/11/02/ARTIVd4sas6kvHIjbYyUrXSq191102.shtml.

可以让老人生活在熟悉的环境中，受到家人的照顾，又可以享受社区提供的各种养老服务。在调研中了解到，很多社区都有日间照料中心，老人可以选择去日间照料中心享受相应的服务，这里能够为老人提供基本的就餐、医疗保健服务等，既能给老人提供休息的场所，也能慰藉老人的精神。

3.社会组织的支持

除了政府和社区力量外，民间的一些社会组织也可以参与到农村养老中，一方面可以通过社会组织自身的力量筹集资金开办福利院、老年公寓等，另一方面也有利于改善农村养老的现状，有效解决农村养老所面临的问题。这里重点介绍位于朔州市山阴县的一家老年公寓。

这家老年公寓先后获得“全国爱心护理工程建设基地”、第一届“全国敬老文明号”等荣誉称号。老年活动中心配有各种娱乐设施，有阅览室、棋牌室、康复室和娱乐室，老人在这里可以看书读报、打桌球、下象棋、练书法和唱歌听戏。老年公寓构建了以公寓普护式、医养照护式、集中供养式、旅居候鸟式、一键助老式“五位一体”的养老模式，并形成了“住、养、医、护、康”五位一体的健康服务新体系。

（四）乡村贫困人口状况及扶贫举措

1.乡村贫困人口状况

（1）山西省贫困人口数据

山西省是全国扶贫开发重点省份，近年来，山西省委省政府全面落实中央精准扶贫、精准脱贫决策部署，全省脱贫攻坚取得重大决定性成就。截至2019

年底,山西省贫困人口减少到2.1万,贫困发生率下降到0.1%以下。①

(2)调研乡村贫困人口数据

调研乡村贫困人口在政府的一系列扶贫举措实施后有所减少,贫困发生率大幅降低,如吕梁市兴县A乡A1村,该村2014年被确认为贫困县,2017年脱贫10%,建档立卡的有167户338人,2018年摘掉贫困县的帽子,2019年成为兴县美丽乡村建设四个试点村之一。但个别乡村贫困户及贫困人口数量仍不容乐观,部分乡村建档立卡贫困户人数较多,如柳林县D镇D1村,全村435人中建档立卡贫困户就有249人,调研乡村总体贫困户占比为28.71%。具体的调研数据见表3-3。

表3-3 调研各村贫困人口数据一览表

乡村	贫困人口数量	建档立卡贫困户数量
柳林县D镇D1村		89户249人
保德县A乡A1村	32户80人	
介休市A乡A2村		5人左右
兴县A乡A1村		167户338人
兴县C镇C1村	6户8人	
兴县C镇C2村	4户17人	
兴县C镇C3村		303户885人
芮城县B镇B1村	12户36人	40户97人

注:空白处为数据不适用。

2.乡村贫困人口扶贫举措

(1)因地制宜,产业扶贫

依据各村实际情况以及产业优势,因地制宜打造适合各村的扶贫产业。如

① 山西省扶贫办.山西:2019年约有23.9万贫困人口实现脱贫[EB/OL].(2020-01-09)[2021-05-23].http://www.gov.cn/.

吕梁市兴县A乡A1村结合A1村实际情况,通过产业扶贫,调整产业结构,多渠道增加收入,实现稳定脱贫致富。吕梁市兴县C镇C1村依靠煤矿和四村联运合作社带动村民发家致富。兴县C镇C1村合理布局村级经济发展,推进村级产业规模化进程,确立了以第二、三产业为主,种、养及农产品加工为辅的产业格局。兴县C镇C2村以国家生态扶贫退耕还林为契机,成立了核桃经济林种植合作社;村集体与喜洋洋合作社建设了绒山羊养殖基地。兴县C镇C3村经村支两委和帮扶力量共同研究并结合乡镇、村、户、人的实际情况,基本确立了以养殖业为主、农产业加工业为辅的产业格局。芮城县B镇B1村结合村情和各贫困户的实际情况,坚持因地制宜,因户施策,主要围绕花椒、中药材种植和肉牛养殖开展对户帮扶。

(2)发展村集体经济,带领村民发家致富

各村发挥村集体的作用,选择适合本村发展的产业项目,带动村民积极参与,帮助村民发家致富。兴县C镇政府统一组织建设了光伏电站,预计可为C2村集体增收2760元/年,这些举措有力地保障了该村脱贫攻坚的力度和进程。芮城县B镇B1村主要围绕生猪养猪项目开展工作,项目增收按照村集体、贫困户1∶1比例分配,40个贫困户每户每年可分红1000元左右,村集体收入全部用于全村公益事业。

(3)完善基础设施建设,便利村民生活

基础设施建设对于美丽乡村建设来说至关重要,与村民的日常生活息息相关,应完善基础设施建设,提升村民幸福感。兴县C镇C1村积极实施扶贫产业项目和美丽乡村建设,在基础设施、环境卫生、村容村貌等方面下大功夫,确保按期整村脱贫。芮城县B镇B1村用扶贫项目资金硬化公路、更换引水管道、改造照料中心和村卫生室等,心系群众帮民解忧。

二、乡村环境生态

2018年1月2日,《中共中央 国务院关于实施乡村振兴战略的意见》发布,指出我国发展不平衡不充分问题在乡村最为突出,主要表现在农产品阶段性供过于求和供给不足并存等多方面,其中就包括农村环境和生态问题比较突出。

2021年山西省政府工作报告中指出,山西省全省扎实推进"两山七河一流域"生态修复治理,打好蓝天、碧水、净土保卫战,全省空气优良天数比例达到71.9%,PM2.5平均浓度降到44微克/立方米,圆满完成国家下达的目标任务。

(一)乡村人居环境及治理举措

2018年2月,中共中央办公厅、国务院办公厅印发了《农村人居环境整治三年行动方案》,提出到2020年,实现农村人居环境明显改善,村庄环境基本干净整洁有序,村民环境与健康意识普遍增强。2018年2月6日,山西省政府网转载《发展改革委负责人就〈农村人居环境整治三年行动方案〉答记者问》,提到各地要统筹兼顾农村田园风貌保护和环境整治,科学确定本地区整治目标和任务,集中力量解决现有问题。

随着时代的不断发展,人居环境在人们生活中的重要性日益凸显。人居环境包括人们居住地的自然环境、各种生活配套设施以及各种公共设施等。我国农村人居环境的构成要素主要有生态环境、村民居住环境、基础设施等。

1.生态环境现状

(1)植被覆盖率明显增加

截至2018年,山西省累计完成退耕还林2730.3万亩(约合182万公顷),

森林覆盖率达到20.50%。[①] 调研中，兴县C镇C3村2017年退耕还林351.9亩（约合24.5公顷）栽种核桃树，全村五年内生态补偿款预计增收527 850元。2016年和2017年补偿款均为每亩每年500元，2018年补偿款均为每亩每年150元，全村人均增收41元/年，核桃经济林尚未产生收益。预计三年挂果后可为贫困户人均增收500元左右。C1村2017年退耕还林471.6亩（约合31.4公顷）栽种核桃经济林，五年内的生态补偿可让农户增收70.74万元，人均增收1505元。补助期满后，核桃林已进入初果、盛果期，估计每亩产值在1000元以上，全村年人均增收1000元以上。C2村以国家生态扶贫退耕还林为契机，成立了核桃经济林种植合作社，累计种植489.6亩（约合32.6公顷），通过参加合作社，25户贫困户可增加收入600元/人。

（2）水环境情况严峻

水环境严峻主要表现在三个方面。一是生活污水处理不当。调查发现，有33.55%的人选择随意排放，33.87%的人选择排放到附近水沟或者河里，只有25.48%的人选择合理处理后用于农肥，7.1%的选择排放到沼气池，而直接排放未经处理的生活污水会使河水被污染。二是废水沟问题。在调研中发现部分农村随意排放生活废水、农业生产废水，形成废水沟，严重影响了农村整体环境质量的提高，也降低了农村人居环境的质量。三是水资源严重浪费。主要表现在农业灌溉方式上，据调查，在农业灌溉方式上，45.48%的农户选择大水漫灌。大水漫灌不仅导致土壤盐碱化，也会导致水资源利用效率低，浪费严重，并加速土壤结板，降低粮食产量与质量。

（3）空气污染严重

农村空气质量较城市来说相对较好，但是也存在一定的问题。

其一，秸秆不当处理。在调查中发现，对于秸秆，43.23%的人选择就地焚

① 山西省20年完成退耕还林2730.3万亩[EB/OL].(2019－07－29)[2021－05－20].http://www.gov.cn/xinwen/2019－07/29/content_5416218.htm.

烧,占将近一半的比例,这不但造成资源浪费,还造成了非常严重的大气污染。

其二,煤改气、煤改电落实不到位。只有少部分农村推行煤改气、煤改电等,2016 年芮城县 A 镇 A1 村党支部在全村开展拆锅炉、煤改气、煤改电行动。晋城市泽州县 A 镇 A1 村给各家各户分发环保煤,并积极宣传。芮城县 C 镇 C1 村煤改气后,村民主要使用天然气,规定个别仍使用煤的群众坚决不能使用劣质煤。介休市 A 镇 A1 村推行集体供暖,禁止烧秸秆、放鞭炮等,村里有巡逻队,会定点去巡查。但是绝大部分农村还没有推行,村民做饭和取暖还是大量烧煤(做饭烧煤占 43.23%,取暖烧煤占 73.55%),不仅会污染环境,还极有可能会触发安全事故。

其三,随意燃放烟花爆竹。虽然各地都陆陆续续提出坚决杜绝燃放烟花爆竹,但是在农村效果不明显。据了解,每年重大节日过后,农村都会出现因燃放烟花爆竹而引发的火灾。

其四,部分垃圾露天堆放。在调研中发现,很多农村虽然都统一安放了垃圾桶,但是还有部分村民把垃圾就近堆放在无人居住的院子里,严重污染了大气和村民的生活环境。

(4)土壤污染严重

一方面是农药造成的污染。在问卷调查中,58.39% 的人表示使用农药比较多,大家都在用。长期使用农药就会造成土地肥力下降,土质恶化。另一方面是白色污染。白色污染破坏了农村人居环境,其中含有的大量有毒物质还会渗入泥土,再通过地下水、空气慢慢扩散。如农村的塑料大棚残膜、地膜,一般都是随意丢弃,或者直接翻入土中,这对土壤造成了不可逆的破坏。

植被、大气、水、土壤等要素是相互联系、相互制约的整体,牵一发而动全身,其中任何一环被污染都会造成整体的消极影响。

2. 村民居住环境现状

村民居住环境现状主要从村庄规划、房屋问题、农村“三大革命”和畜禽粪污处理四部分阐述。

(1)村庄规划

农村村庄规划问题一直是农村人居环境治理面临的共性问题。目前,农村村庄规划杂乱,缺乏科学性,在实地调查中发现,部分村庄村民侵占耕地资源进行庭院建设,不仅造成耕地资源浪费,而且由于随意选择房屋建设地点,不利于统一管理。虽然与以前相比,村庄规划取得一定进展,但是依然存在很多问题,导致越规划越乱的现象出现,不利于农村人居环境的改善,进而影响了农村的生态治理。

(2)房屋问题

房屋问题主要体现在旧房闲置和危房改造两方面。一是旧房闲置问题,当前,很多村民外出或者在乡镇、县城买房子居住,村庄呈现空心化。在农村实地调研中,发现有大量常年闲置的房屋,无人打理,变得破败不堪,存在安全隐患的同时也影响了村容村貌。

二是危房改造,农村危房改造工作正在有序进行中。兴县 C 镇 C1 村危房改造4 户,每户补助 1. 4 万元,C2 村危旧房改造 31 户;运城市芮城县 B 镇 B1 村危房改造中,新建每户补贴 1. 4 万元,修缮每户补贴 0. 9 万元。但是也存在一些问题,如危改工作进展不平衡,部分农村在工作中存在工作不实、底数不清的现象,在一定程度上影响了实施进度;新房建好危房未拆除,部分村在危改工作中仍存在危房改造户已经搬进新房,但是原来的危房仍用来当作厨房、堆放杂物、养殖家禽等,存在一定的安全隐患等。

(3)“三大革命”

农村“三大革命”是指厕所革命、污水革命和垃圾革命。

一是农村厕所革命。芮城县 A 镇 A1 村在 2018 年投资 360 万元,对全村厕所进行“旱变水”改造(政府给每户补助 1000 元,其余资金由村集体投入)。兴县 C 镇 C1 村户改厕,12 户享受户改厕政策的贫困户,每户补贴资金 1020 元;C3 村完成户改厕的 14 户每户补贴 901. 5 元;C2 村户改厕,全村享受户改厕政策的贫困户 14 户,每户补贴资金 380 元。各村改造进度不一,有的农村已经改造完成,有的农村还没有进行。

二是污水革命。大部分农村地区随意排放污水的现象依然存在。很多农村地区没有下水道,缺少排水沟,也没有掌握污水处理技术。据调查,兴县 C 镇 C2 村目前需清理排水沟 400 米。

三是垃圾革命。在调研中发现基本上每个农村都配有垃圾桶,而且定期会处理。兴县 C 镇 C1 村累计出动机械 30 余小时、义务工 100 余人次,清运垃圾 150 余立方米,整治“三堆”10 多处,清理了主道乱堆乱放煤堆 2 处、土堆 20 平方米、沙堆 3 处;C3 村通过集中整治与常态化管理,累计出动机械 200 余小时、义务工 300 余人次,清运垃圾 150 多吨,整治“三堆”100 多处,执法局全体帮扶责任人规划了主街道乱摆乱放、乱贴乱画现象的治理;C2 村累计出动机械 50 余小时、义务工 230 人次,清理主干道 1. 2 公里,清运垃圾 58 吨,打扫村入户道路 2 公里,整治“三堆”10 处,修建垃圾收集点 5 处。芮城县 C 镇 C1 村每星期都有人打扫,村里卫生明显好转,镇上配备垃圾清运车,有专人使用专人管理,每周一周三周五将垃圾回收到垃圾处理厂统一处理。

(4)畜禽粪污处理

近几年来,集约化、工厂化的畜禽养殖方式使畜禽粪便污染面扩大,严重影响农民的身体健康。为贯彻落实农业农村部有关部署,提高畜禽粪污集中处理设施使用效率,山西省于 2021 年 10 月 12 日起到 11 月 25 日,在全省范围内开展了畜禽粪污集中处理设施运行问题专项整治行动。但是在具体落实过程中存在很多问题,如粪污处理设施配建不完善、处理利用不彻底、支撑服务较薄弱(乡镇畜牧兽医站人员力量弱、手段经费缺)、养殖户对畜禽粪污处理和利用认识不到位等。部分农村正在逐步推进畜禽粪污处理,如芮城县 B 镇 B1 村争取畜禽粪污治理项目资金 10 万元,完善村里的猪场粪污处理设施设备。

3. 基础设施现状

农村基础设施主要包括水电设施、道路、网络覆盖和基础场所四个部分。

(1)水电设施亟须改善

据调查,兴县C镇C1村已通动力电照明,村里的自来水是由附近煤矿的自来水管道免费供给,但因同时供给周边几个村,水压不足加上管路老化,故障较多,致使C1村部分地段住户无法正常使用自来水,全村人畜饮水亟须彻底解决;C3村虽然已通自来水,但管道老化,需要全面维护或整修。兴县A乡A1村正在铺设上下水管道。由于自然条件和社会经济等多方面的原因,山西省农村供水供电基础设施薄弱,投入严重不足,管道老化等问题会造成村民饮水不安全,进而影响到他们的健康状况,亟须治理。

(2)道路状况明显优化,但部分农村路况不好

兴县C镇各村的道路状况非常不好,如路面破损,车辆通过时产生灰尘,下雨天道路泥泞,扬尘污染较重等。例如,C1村距主干道218省道0.5公里,但进出村的主要道路路面破损,下雨天道路泥泞,平时扬尘污染较重,垃圾无序堆放,严重影响了村民的正常出行。C1村2017年9月份铺设了柏油路,使得上述状况得到改善。临汾市蒲县D镇D1村以前村里街道坑洼不平,环境脏乱差,2015年8月,在"80后"第一书记郭伟的带领下,D1村修了宽敞的公路,村里环境得到改善。

(3)网络覆盖逐渐扩大

互联网对生产、生活的影响越来越大,统筹推进网络覆盖,不但有利于满足广大村民日益增长的文化娱乐需求,还能使农村基层管理实现电子化,如临汾市蒲县D1村创办了手机微信平台"黎掌汇",村里的大事小情在"黎掌汇"上都会第一时间图文并茂"新鲜出炉",精心制作的"美篇"里,有赞扬、有说理,既教育影响着村民,又在很大程度上凝聚了民心。目前,贫困村也加快了光纤宽带网络建设,加大了网络提速降费力度,兴县C镇C1村光纤宽带已到村到户,促

进了农村互联网普及以及农业信息化的推进。

（4）基础场所有待完善

农村的基础场所主要包括文化活动中心、养老院、卫生院、学校等，它们的发展是乡村振兴的重要组成部分。调查发现，部分乡镇、村的基础场所有待完善，有的存在建设不达标，有的被闲置，形同虚设。介休市 A 乡 A1 村有一家规模较小的养老院，还有一个面积不大的文化活动中心。兴县 A 乡 A2 村目前还没有养老院，也没有文化活动中心。兴县 A 乡 A1 村没有养老院，有活动文化中心，但村民们表示仅仅是摆设，并无实际意义。兴县 C 镇 C3 村的村级医疗卫生所于 2019 年 6 月完成改造建设，现已投入使用，但还没有文化活动广场等设施。也有部分地区注重加快补齐农村基础设施短板，有力地推动了村民生活质量的提高。如蒲县 D 镇 D1 村公共卫生间、文化广场、村民舞台等错落分布在村内主道的两旁，文化广场上，有的村民正在学唱新歌，三两个村民在热火朝天地聊着村里的公共事务。兴县 C 镇 C1 村有专门独立的文化活动中心，还有单独的农家书屋，村级卫生室、文化活动室及文体活动场所都正常运行。兴县 C 镇 C1 村文化活动广场和村级医疗卫生室于 2018 年 11 月上旬已完成主体建设。芮城县 B 镇 B1 村投入卫生项目资金 3 万元，实施了村卫生室改造；投入扶贫资金 28. 6 万元，硬化了 4 个自然村之间 1. 1 公里的村通公路；投入扶贫资金 6 万元，实施了该村人畜饮水项目。运城市芮城县 A 镇 A1 村建成集党务村务管理、文化活动、社区服务为一体的活动中心，建筑面积 2100 平方米，内设党员活动室、道德讲堂、党员之家、议事室、图书室等，彻底改变了办事环境，增加了服务功能。同时投资 58 万元在多条巷道安装 58 个视频监控摄像头。

4. 人居环境治理举措

（1）实现农村人居环境治理的多元主体参与

第一，加大政府投入。很多农村表示目前的困难是资金不足，心有余而力不足。如兴县 C 镇 C2 村维护、整修、绿化、美化、亮化村路需资金 40 万；修垃圾池需资金6万；安装路灯需资金20万；植树需资金6万元；维修排水沟需资金15万元；处理残垣断壁、涂饰村巷建筑立面，需要20万元……总共需要近300万元。因此要充分发挥政府在农村人居环境治理中的重要作用，不断加大投入力度。

第二，调动村民积极参与。村委会要牵头村内人居环境整治工作，充分发挥“一约八会”的作用，即村规民约，调解委员会、妇联会、老年协会、禁毒禁赌协会、乡贤理事会、道德评议会、红白理事会、村民议事会。目前，很多农村已经逐步建立健全长效保洁机制，如忻州市保德县A镇A1村组织了环卫队，配备了十几个环卫工，不仅能够推动村民就业，而且也能够有效改善农村人居环境。

第三，动员社会力量。除了政府要发挥主导作用、村民发挥主人翁精神以外，还要吸引社会力量投入农村的人居环境治理中来，如有些农村采用竞标的方式将村里的垃圾清运等项目承包给符合条件的企业。

（2）加大对农村人居环境治理的宣传力度

首先，引导村民养成良好的生活习惯。充分利用新媒体的作用，通过通俗易懂的宣传手段，宣传农村人居环境治理的重要性。乡村干部也要深入村民家中宣传有关政策，提高村民的环境保护意识，并督促和帮助他们改变落后的生活习惯。忻州市保德县A镇A1村逢年过节上门通知倡导村民文明祭扫，通过发宣传单、微信群转发环保知识、举办安全知识竞赛等来提高村民的环保意识。

其次，增强村民的主人翁意识。积极的宣传工作能使广大农民意识到自身参与人居环境改善工程的重要性，并积极主动地参与到农村人居环境治理中来。要在农村广泛开展“五好家庭”“五星级文明户”等活动，引导村民树立积极参与农村人居环境治理的责任感和自豪感、归属感。

最后，健全监督保障机制。不同地区和乡村可结合实际，制定农村垃圾处理条例、乡村清洁条例等规范性文件，明确村民的义务和责任，同时要发挥村民组长、老党员、保洁员的督促管理作用，使群众自觉保护环境，一起参与到人居环境改善工作中来。

(3)健全农村生态环境治理机制

第一,坚持先易后难、循序治理。“十三五”期间,山西省学习借鉴浙江“千万工程”经验,全力推进农村拆违治乱、垃圾治理、污水治理、厕所革命、卫生乡村“五大专项”,取得显著成效,实现了从点上示范到面上治理、从节点治理向系统治理、从重视硬件建设到硬件软件同步推动的转变,农村居民维护环境的公共意识、责任意识明显增强,农村乱搭乱建、乱堆乱放、乱倒乱扔垃圾的现象明显减少,涌现出一批美丽新乡村。

第二,明确责任,形成合力。县级政府应当在基层干部工作绩效考核中纳入农村人居环境治理成效考核,建立乡镇农村人居环境评价指标,并定期对农村人居环境治理进行监管。

第三,加强农村环境保护法治建设。为了提高农村人居环境治理的效果,有必要完善与农村环境保护有关的法治建设。要完善地方法律法规,努力制定有关农村环境保护的法律法规,严厉惩处破坏农村生态环境的违法行为。[①]

(4)完善村庄整体规划

要持续有效地开展农村人居环境的治理,必须要制定科学合理的村庄规划。

第一,加快村庄整治规划的编制。各地区应根据不同类型的村庄的基本功能,坚持先规划后建设的原则,统筹考虑居民点布局、人居环境治理、土地资源利用、生态环境保护和文化传承保护等,而不应一味地把村民的房屋聚集在道路两旁。

第二,多方参与规划。在制定合理的乡村规划过程中,也需要多方参与。政府在进行村庄整体规划时,应重视实地调查和研究,根据各地不同的情况,组织召开村民小组会议和村民代表会议,充分征求村民的意见后与相关部门、相

① 余克弟,刘红梅.农村环境治理的路径选择:合作治理与政府环境问责[J].求实,2011(12):105-107.

关专家进行有效论证，并将结果在相关网页或者当地其他平台进行公示，从而推动农村人居环境治理能力的提升。

(5)加强农村基础设施建设

第一，确保农村基础设施建设资金来源。县乡政府在编制财政预算时，应确保对农村基础设施的投资，要充分发挥政府投资的指导作用，鼓励和支持以奖励、投资补贴、财政贴息、注资等多种形式支持农村基础设施建设。①

第二，鼓励民间资本参与农村基础设施建设。应鼓励和引导民间资本积极投资农村生活垃圾处理，污水收集和处理等项目。对于适合引入社会资本的农村基础设施建设项目，应通过公开招标的方式进行建设，并在整个项目实施过程中进行监督和评估。

第三，提高农村公共服务水平。要加大教育、医疗、文化等公共资源向乡村地区的倾斜力度，大力开展教育均衡化工程，组建乡村文化队，定期开展文化娱乐活动，丰富村民精神文化生活。同时应积极引导社会资本参与农村公益设施建设，拓宽农村公共服务建设的资金来源，不断提高农村公共服务水平。②

(二)乡村人文环境的构建和治理

2018 年 9 月 26 日，中共中央、国务院印发《乡村振兴战略规划(2018－2022 年)》，提到要合理配置公共服务设施，充分维护原生态村居风貌，保留乡村景观特色，保护自然和人文环境，注重融入时代感、现代化。美好乡村建设离不开农村人文环境的构建和治理，尤其是在乡村振兴战略大背景下，良好的农村人文环境既能够优化农村生态环境，也能够有效改善当下农村风貌，促进精神文明

① 曾福生，蔡保忠. 农村基础设施是实现乡村振兴战略的基础[J]. 农业经济问题，2018(07)：88－95.

② 范和生，唐惠敏. 新常态下农村公共服务的模式选择与制度设计[J]. 吉首大学学报(社会科学版)，2016，37(01)：1－9.

建设。

人文环境主要包括思想观念、制度文化、伦理道德、风俗习惯和宗教信仰。农村人文环境有狭义和广义两方面的含义,广义上包括农村村民所处的政治环境、经济环境、文化环境、社会环境以及居住环境等。狭义上主要包括农村村民的文化活动、特色人文资源等。由于在上面的论述中已经提及农村村民的人居环境等,所以这一部分主要围绕狭义上的人文环境来论述。

1. 人文环境的现状

(1)农村文化活动

一是农村文化活动设施较齐全,很多乡镇都配备有文化活动中心、农村书屋等。山西省第三次全国农业普查数据显示,2016 年末,94.9% 的乡镇有图书馆、文化站,13.4% 的乡镇有剧场、影剧院,17.1% 的乡镇有体育场馆,70.6% 的乡镇有公园及休闲健身广场,68.9% 的村庄有体育健身场所,35.1% 的村庄有农民业余文化组织。但是利用率不高,基本上处于闲置状态。很多文化活动中心的设施器械缺乏维护,损坏严重,存在安全隐患;部分农村书屋也变成了杂物间。二是部分农村文化活动形式单一,内容单调。有的乡镇会举办多种文化活动,如忻州市保德县 A 镇 A1 村正月初十的古会,2018 年开始的三国情景剧演出和扭秧歌活动。但有的乡镇一年基本上没有任何文化活动。问卷调查显示,23.55% 的人表示村里经常举办文化活动,53.87% 的人表示很少举办,22.58% 的人表示几乎不举办。三是村民闲暇时间活动单一,以看电视和玩手机为主。

(2)农村特色人文资源

地方人文资源是指具有地域特色的物质文化和精神文化的总和,是维系该地区人民生存的精神纽带。[①] 很多地方的人文资源得到了有效开发和维护。忻

① 张晓敏. 地方人文资源融入高校思政教育的思考:以贵州地区为例[J]. 贵州师范学院学报,2018,34(06):70-73.

州市保德县A1村三国情景剧正式成为产业后，个人带头经营剧团承接商演，主要发扬关公文化，目前成熟的剧目有《桃园三结义》，之后会有《千里走单骑》《温酒斩华雄》，县文化局大力支持，并派专业老师指导。河津市A镇A1村的村门“鲤鱼跳龙门”（被上海大世界基尼斯总部认定为中国最大的村门）、大禹雕像、禹门口抗日英雄纪念碑、禹门口大桥等都得到了充分开发和保护。但是有些地方的人文资源没有得到有效开发甚至逐渐淡出人们的视野，被人所遗忘。运城市芮城县C镇C1村的太岱庙，是省级文物，刚开始组织，还没有具体的措施。

2. 人文环境面临的问题

（1）村民思想观念保守落后

改革开放以来，农村各方面都得到了一定程度的发展，但是与城市的差距还是较大的，尤其在思想观念方面。一方面，一直生活在农村的人们长期以种植业为主，由于环境相对封闭等原因，思想观念较为保守落后。另一方面，村民的文化水平普遍不高，一般以中小学以下为主。根据《山西省第三次全国农业普查主要数据公报》，2016年，山西省农业生产经营人员801.2万人，按受教育程度分，未上过学的22.7万人，占2.8%；小学毕业的223.2万人，占27.9%；初中毕业的469.9万人，占58.6%。

（2）农村文化建设任务比较重

由于地理位置、历史文化传统、经济发展水平等因素，农村村民的文化素质相对较低，因此农村的文化建设任务也比较重。问卷调查显示村民在闲暇时的休闲方式（多选题）为：71.94%选择玩手机，64.52%选择看电视，44.52%选择聊天，28.0%和22.58%分别选择看书看报和进城购物，此外，19.68%选择打牌、打麻将，13.87%选择跳广场舞，12.58%选择外出旅游。在采访中，发现部分村民不清楚自己所在村有没有文化活动中心。部分乡镇在传统节日比如春节、中秋节会举办一些庆祝活动，而其他时间就很少有比较有意义的文化活动。

(3)农村历史文化资源和自然资源开发不到位

山西省有着悠久的历史,拥有很多历史文化遗产。但是农村在发展和建设中,往往单纯地注重经济发展,缺乏对历史文化资源和自然资源的认识和保护。首先,很多村民对本村文化缺乏认识,难以理解历史文化资源和自然资源的开发以及它们所蕴含的价值;其次,基层工作人员没有保护文化遗产的意识,且缺乏专业的文物保护人员和规划人员负责农村文化遗产的鉴定以及村容村貌的规划和建设工作,导致各村的建设都是简单复制,没有自身特色,“千村一律,千村同貌”。

3. 人文环境治理措施

(1)更新村民思想观念,加强村民思想道德建设

首先,运用多种方法鼓励村民解放思想。可以充分发挥退休干部的作用。调研中,有一个村的退休干部每天早上七点通过村里的喇叭播报前一天的重要新闻,包括国内外的时事政治、与农村发展相关的新闻等。也可以充分运用农村书屋、文化活动中心等,使村民了解外面的世界,拓宽眼界,更新陈旧的观念。

其次,重视人才,引进人才。在调研中发现很多村民由于自身文化素质不高,他们的知识和技能,很多都来源于经验或者长辈传授,远远不能符合新时代对农民的要求。应努力发掘村里的农业能手、乡土人才,加强培训,以增进其专业知识、提高其技术水平;抓住机遇,吸引大学生参加新农村建设,比如有针对性地培养村干部后备队伍、招录大学生村官等。在引进人才的同时,也要采取适当提高工资待遇、完善晋升机制等措施,为人才提供物质和机制保障。

(2)重视农村教育,不断完善农村教育体系建设

近年来,随着城乡教育一体化的发展,农村教育设施、教育水平等都有所改善,但是与城市的差距依然很大。

第一,加大投入,稳定农村教师队伍。在农村,尤其是偏远农村,教师由于种种原因流动频繁,流失严重。加大教育投入,不仅可以改善农村教育环境,也

可以使农村教师愿意扎根农村，从而稳定并打造高质量的教师团队，进而提升农村的教育质量，推进农村素质教育的可持续发展。

第二，充分发挥人文环境的作用，提升村民整体素质。山西省很多农村具有深厚的人文底蕴，拥有很多独具特色的自然资源和人文资源，可通过加大教育和宣传力度，推动本土文化资源对村民的思想观念、道德教育等产生影响，从而提升村民的基本素质，帮助村民树立正确的三观。

第三，规范村民的文化娱乐活动，丰富村民的精神世界。完善相关基础设施，如文化活动中心、农村书屋等，引导村民充分运用；充分发挥禁毒禁赌会、乡贤理事会等的作用，对于一些低俗的娱乐活动，加大整治力度，从而为村民提供一个健康文明的文化娱乐环境。

（3）完善农村基础设施建设，优化村民的生活环境

完善基础设施，针对村民生活的各个方面采取惠民措施，提倡村民形成绿色健康的生活方式，进而优化村民的生活环境，提高村民的生活质量。

（4）对农村资源进行综合开发，推进特色农村建设

在城乡一体化的大背景下，农村探索出一条独具特色的发展之路变得至关重要。山西省很多农村拥有得天独厚的自然资源和人文资源，在发展过程中，首先应该立足本村的历史文化特点，然后依托生态农业、绿色旅游业等资源优势，创建具有人文特色的农村。

第一，创新发展有机农业、生态农业。很多村镇的发展还是依托农业，因此要创新发展有机农业、生态农业。可以根据地形等条件打造核桃经济林、绿色果蔬基地，建设农业示范园和生态观光园等。运城市芮城县B镇B1村地处山区，水利资源严重短缺。村两委对标一流谋发展，积极组织村农业骨干参加全市贫困村致富带头人培训，并组织相关人员到绛县和陕西韩城实地考察中药材和花椒产业，初步敲定B镇B1村围绕“花椒＋中药材”两项特色产业引领产业发展新路子。

第二，促进绿色旅游业的发展。山西省旅游业正在逐步走向规模化、规范

化的发展轨道。山西省某景区打造了"旅游景点+宾馆酒店+文化演艺+农家乐"发展模式,成为国家AAAA级景区,也带动了农村双创,彰显了该村厚重的历史和文化底蕴。农村绿色旅游业不仅能够增加村民收入,提高村民生活质量,还可以有效改善农村人居环境和人文环境,促进农村可持续发展。

第三,进行农村资源要素的市场化配置。一是要引导土地流转,大力推进农村土地流转,引导农民在开发区产业园企业、农业产业化龙头企业有序就近转移就业,从而解决失地农民的生存和发展问题。二是拓宽融资渠道,解决农村经济发展乏力、农民创业资金不足的问题,激发各方积极性,整合现有资源,实现社会资本、人才和生产要素向农业流动,推动农业向更深层次发展,帮助农民增产增收。此外,还要建设专业化市场,建立农副产品物流园,举办农副产品交流会,积极探索建立产权流转交易市场。

三、乡村文化生态

2022年1月,《中共中央 国务院关于做好2022年全面推进乡村振兴重点工作的意见》中提到,要创新农村精神文明建设有效平台载体,启动实施文化产业赋能乡村振兴计划,整合文化惠民活动资源,支持农民自发组织开展体现农耕农趣农味的文化体育活动。乡村文化是乡村振兴的精神基础,近年来,山西省高度重视乡村文化旅游发展,扎实推进乡村文化建设,2021年山西省8个乡村入选2021年中国美丽休闲乡村名单,18个乡村入选2010—2017年中国美丽休闲乡村监测合格名单[①],为乡村振兴"添金"又"增彩"。

---

① 欧志强. 山西8乡村入选2021年中国美丽休闲乡村[N]. 山西经济日报,2021-11-24.

(一)乡土文化的传承与创新

乡土文化是指在特定区域内,经农民积累创造的物质财富和精神财富的总和。[①] 乡土文化的传承与创新可以理解为实现乡土文化的创造性转化,乡土文化的创造性转化不仅能够提升农民的综合素质,加快农业现代化步伐,而且能够有力推动新时代乡风文明建设。

1. 乡土文化的主要内容

乡土文化主要包括民俗风情、村规民约、家族族谱、传统技艺。这里主要阐述村规民约和传统技艺。

(1)村规民约

调研中笔者发现很多乡村都有属于本村的村规民约,有的刻画在墙上,有的书写在宣传黑板上。2015 年,芮城县 A 镇 A1 村经多次讨论,新修订的《A1 村村规民约》正式公布实施,为"共商、共建、共享"和"自治、法治、德治"的村民自治模式提供了管理依据。村规民约是村民自我管理、自我教育、自我约束的行为规范。山西省河津市清涧街道 A 镇 A1 村在创建文明村的过程中,因地制宜制定了十条比较完善的村规民约和十条文明户标准,用村规民约规范着村民的行为,收到了良好的效果,改变了村民的精神面貌。

(2)传统技艺

第一,社火文化。2006 年 5 月 20 日,民间社火经国务院批准列入首批国家级非物质文化遗产名录。早在古代社火就是民间庆祝活动的重要组成部分,人们借此寓意吉祥富贵、庆祝丰收。社火现在主要是村民自编自演自娱,一般在

① 程莲雪,王丽娟,唐智松. 乡村学校在乡土文化传承中的价值及其实现[J]. 教学与管理,2021(15):1.

农历春节期间表演。山西省的社火文化比较典型的是太谷县的社火文化,当地把社火俗称"红火",每逢春节,人们在村庄里选出村民参加表演,村村闹红火。太谷社火属于传统社火文化,有九凤朝阳、耍龙灯、铁棍、背棍、高跷、耍狮子、绞活龙、架火等节目。

第二,晋剧文化。2006 年 5 月 20 日,晋剧经国务院批准列入首批国家级非物质文化遗产名录。晋剧合理挖掘并推广了山西省本土的历史文化资源,讲述晋商故事,呈现三晋风情,如《日升昌票号》和《王家大院》两出晋剧就是近年来在这一思路下由不同剧团推出的具有代表性的舞台作品。另外,山西卫视开办的《走进大戏台》栏目,既具有知识性,也具有娱乐性和艺术性,利用新媒体的优势,展现了晋剧文化的非凡魅力,在促进不同剧种之间交流的同时也构建了传统戏曲文化传承的新形式。

第三,武术文化。山西省主要有形意拳、太极拳、少林拳、洪洞通背拳等著名拳种。在这里主要介绍一下太谷形意拳。太谷形意拳是一种传统的民间武术,由各地武术名家融各家拳术之长创编而成。它是一种融技击性与观赏性于一体的拳术,具有强身健体的作用。太谷形意拳动作简单,易学易练,是一种适应性广的健身方法,长期实践可以强身健体。此外,形意拳注重人与自然的和谐统一,讲究内意与外形的高度统一,长期练习有利于改善中枢系统的协调性,提高运动系统的整体机能。

2. 乡土文化传承与创新面临的困境

伴随中国现代化进程的不断发展,一些现代化要素涌入乡村,使得乡土社会的乡土性、封闭性和保守性逐渐被打破,乡村文化传承与创新主体和乡村文化环境均在某种程度上陷入困境。

(1)乡土文化传承与创新主体困境

第一,城市文化冲击下农民对乡土文化缺乏认同感。从某种程度上来说,城市文化与乡土文化在当今的文化话语体系中的地位是不平等的,相比以"文明、先进、富裕”为标签的城市文化，乡土文化则容易被贴上“传统、保守、落后”的标签。不断革新的文化传播媒介推动着农民观念的变革，人们在庞大的信息海洋中获得知识和信息，感受着异质文化的冲击，也就导致人们对乡土世界及其文化传统缺乏认同感。农民作为当地文化传承与创新的主体，他们对乡土文化的不认同必然会使乡村文化传承与创新主体陷入困境。

第二，低俗文化加剧了农民的道德失序。在商品经济利益的驱动下，一些低俗文化自发地打开了乡村市场。这些低俗文化只考虑感官刺激，忽视了道德价值和人文精神，失去了传播先进健康价值观的功能，导致农民人文素质的下降，加剧了农民的道德失序。

第三，城镇化进程中传承与创新主体离土离乡。农民是当地乡土文化传承创新的主体，但由于经济原因，他们抛弃了农业和故土，来到城市工作。特别是在乡村长大的年轻一代，长期徘徊在城市和乡村之间，使他们很难认同乡村生活，无法与农耕文明和乡村文化充分联系。随着大量劳动力进入城市，乡村迅速失去活力，留守老人、留守妇女、留守儿童亦有脱离农业和土地的趋势。

(2)乡土文化环境困境

第一，乡土规范文化的弱化。首先是家族意识弱化。以血缘为纽带、以家庭为单位的家族共同体是乡村社会结构的基础。然而，随着农村现代化的发展和诸多因素的影响，人们的家族意识逐渐弱化。其次是“礼”的传统权威减弱。以前很多乡村纠纷都是由村里的长者或者是德高望重的村民解决，但伴随着乡村法治化建设，乡村社会结构发生变化。最后是安土重迁思想虚化。长期以来，依靠乡村生活的农民，以当地的土壤和乡愁为纽带，形成了一种对家乡的深厚的爱。如今，城市化进程不断冲击传统自给自足的小农经济，农民离开祖辈世代定居的家乡，与乡村社会逐渐疏远，与土地的亲密关系逐渐松动以至分离。

第二，乡土休闲文化庸俗化。农民将更多的空余时间花在聚会打牌、上网冲浪、外出旅游等方面，春节、元宵节、端午节等传统节日都没有了往日的热闹。很多乡土文化遗产找不到合适的传承人，村中留守的老人、妇女、儿童很难承担这一重任,而年轻一辈也不愿意为此花费时间和精力。

第三,乡土物质文化被破坏。乡土物质文化,如乡村风光、聚落民居等,孕育了乡村的历史与人文,是乡土文化最为直观的表达。但工业化、城市化和现代化对乡土物质文化造成一定程度的破坏,如村落的消失、自然风光和乡土景观的功利性开发等都在一定程度上破坏了乡土物质文化。

3. 乡土文化传承与创新困境的治理路径

(1)培养传承与创新多元主体

首先,有效推动乡土教育。主要包括编写乡土教材、开发乡土课程、培养乡村教师。编写乡土教材。编写乡土教材必须要基于学生身心全面健康发展,结合学校和当地的实际情况,对当地的历史、民歌、服饰、风俗、饮食等进行收集、整理和创新,编写和开发一套具有地方特色的地方教材。开发乡土课程。开发可以直观地呈现当地文化的系统形象的课程,让学生能了解当地的乡土风情,从而更加深入地了解自己的家乡。培养乡村教师,增强乡村教师的乡村情怀。地方教材的教学和地方课程的具体实施都离不开教师,教师的文化素养和地方文化情感可以潜移默化地影响学生。乡村教师要有更多的人文情感,关注学生的精神世界和全面发展。他们应该客观理性地看待乡村文化的价值和传承创新的必要性,承担起传承乡村文化的使命和责任,发展乡村教育,传承和弘扬乡土文化。

其次,充分发挥村民和乡村文化人的主体性作用。地方政府和社区要通过多种方式激发和深化农民对家园的归属感和对文化的认同感,挖掘和利用好乡土文化的精髓,开展贴近民意、民情、民生的民间文化活动,如优秀的地方艺术作品、群众性的民间艺术表演等,营造良好的文化氛围,调动农民参与、传承、创新地方文化的积极性。此外还要挖掘和培育乡土文化艺人,夯实乡土人才队伍。农民并不是一个没有文化的群体。乡村的民间艺术家是当地文化的创造者和传承者,必须受到重视。例如,民间学者熟悉乡村礼仪知识,各种工匠和民间艺人擅长剪纸、雕刻、舞龙舞狮、唱民歌民谣等，可以构建一个本地乡土人才信息网，重点跟踪和保护优秀的文化艺术形式。

最后，发挥乡贤和基层领导干部的带头作用。要培养和发挥“新乡贤”的作用，依托优秀基层干部、道德模范、知识分子、身边好人、能人等，鼓励他们成为优秀地方文化的宣传者、传承者和捍卫者。特别是基层领导干部，作为国家文化制度和政策的执行者，要意识到传承和创新乡村文化的重要性，通过加强理论学习，正确把握和落实各项文化政策。

(2)增进传承与创新价值认同

首先，对乡土文化进行批判性继承与提升。主要包括三方面，一是乡土物质文化层面。乡土物质文化中的乡村风光、民居古镇、祠堂庙宇、乡土建筑、农业遗迹等，政府在城乡一体化发展中应结合当地乡土物质文化的实际情况，科学合理地予以抢救、维护和保护。二是乡土表现文化层面。乡土表现文化包括民风民俗、传统技艺等，应在保护其传统性特质的基础上，借用现代的方式实现文化的传承与创新。三是乡土规范文化层面。乡土规范文化的积极成分应该得到挖掘、提升和弘扬，如“忠义孝悌、睦亲节俭”的良好家风等，而对于那些与社会发展和进步不适应的、封建落后的文化因素，如婚丧嫁娶的陋俗、封建迷信等糟粕就要进行剔除。

其次，以社会主义核心价值观为指引。弘扬新时代乡土文化，重新解读乡土文化的精神内涵，必须在社会主义核心价值观的指导下批判传承、创新转化、创新发展。应引导农民养成积极的家庭观、道德观、生态观，实现与社会主义核心价值观的融合。要按照农民的表达方式，将社会主义核心价值观转化为农民愿意接受、能接受、能理解、能记住的话语，提炼形成具有地方文化特色的共同价值观。

(3)开发乡土文化产品

首先，开发具有地域特色的乡土文化产品。开发具有地域特色的乡土文化产品，能满足人们追求美的体验和享受的需求，让人们舒缓压力，得到放松。乡土文化产品中所包含和表达的文化价值和精神理念,也能潜移默化地影响人们的思想行为,实现优秀乡土文化的传播。在开发地方乡土文化产品时,要突出地域性,注重形式的多样性,注重地方文化产品的原创性和创新性。乡土文化产品的开发要以内容为核心,以创意为源泉,以技术为手段,使产品不断完善。乡土文化的文化内涵和技术内涵将提高乡村乡土文化的附加值,生产出符合市场需求的具有竞争力的文化产品。

其次,打造乡村文化旅游品牌。以乡村为平台,打造乡村文化旅游品牌,以文化产品消费为补充,以文化内涵消费为核心,形成“吃、住、行、娱、乐、购”一体化的地方文化发展模式,构建地方文化旅游产业链。整合静态的地方物质文化、动态的地方表现文化和深厚的地方规范文化,营造整体的文化环境,促进乡土文化欣赏;加强与周边地区的交流,寻求文化的相互兼容,形成区域乡村文化产业集群共生共存,从而提升当地的旅游文化品位和经济竞争力。

再次,政府必须对乡村旅游进行宏观调控。一是落实科学发展的价值取向。通过官方媒体、影视、报刊、各类文化活动、互联网等多种渠道推广优秀本土文化。在发展过程中,必须坚定地保护和传承优秀乡土文化。二是完善与乡村旅游相关的政策法规,为乡村文化旅游提供制度保障。三是加强市场监管,有效监督乡村文化的发展,有针对性地监督乡村区域文化的保护和惩罚机制。四是提高乡村文化旅游融合发展的技术水平。不同地区的经济发展水平不同,发展技术也不均衡,乡土文化资源亦具有独特的异质性。政府应加强基础研究,加强对乡村文化旅游新形式的调查,并通过调研形成共同的乡村文化旅游规划设计框架,培养一批为乡村文化旅游开发设计提供技术指导和智力支持的人才。

(二)乡风民俗现状与治理

乡风民俗既包括围绕社会秩序、社会公共道德、乡风民俗、精神文明建设等方面制定的约束规范村民行为的规章制度，也包括各种乡村风俗习惯。下面主要从乡风民俗建设取得的成效、存在的问题及治理举措三方面进行分析。

1. 乡风民俗建设取得的成效

随着乡村振兴战略的推进以及一系列惠农政策的出台，乡村社会经济不断发展，农民收入也不断增加，生活状况显著改善。与此同时，乡风民俗建设也取得了一定的成效。

（1）良好的家风逐渐形成

村民的生活水平显著提高，也更加注重生活质量的提高以及家庭关系的和谐，大多数家庭逐渐形成良好的家风。运城市芮城县A镇A1村年年开展评选“最美西关人”以及“五星级文明户”等活动，发挥榜样示范作用，弘扬正能量，提升村民道德素质和文明水平。

（2）封建迷信现象大幅减少

在访谈中，对于问题“村里还有什么封建迷信活动?”很多村民表示基本上没有；对于问题“村里村民或者孩子病了，会先去医院还是去找‘神婆’呢?”很多村民的回答都是去医院。可见在乡村，封建迷信现象虽然存在，但是已经大幅度减少。芮城县A镇A1村1990年前后民主推选成立了“红白理事会”，用制度规范村民红白事行为，制止铺张浪费，破除陋习，移风易俗，引导村民自我管理、自我教育、自我服务。

（3）村民不良行为减少

访谈时，问到“对于村民的一些不良行为，村里的治理办法是什么?”很多人表示目前村里基本上很少存在不良行为。“村民之间闹纠纷、矛盾，村干部是否出面调解处理?”很多人表示会有委员会出面调解。兴县A乡A1村对于村民的不良行为，会有罚款等措施，对于一些纠纷等，会有调解委员会进行调节，由专人负责；芮城县A镇A1村村民表示有治理办法，村里有相关规定，有红白理事会，会设定专门人员管理；晋城市泽州县有专门的村民委员调解组；临汾市尧都区 A 镇 A1 村有专门聘用的法律顾问;河津市 A 镇 A1 村以前赌博、酗酒、斗殴的现象比较严重,民风较为粗俗,后来通过正面引导和反面警示等方法,帮助村民改变陈规陋习,现在 A1 村村民观念发生了巨大变化,比的是遵纪守法、发家致富、家庭和睦、创造和贡献。

(4)文化环境不断优化

芮城县 A 镇 A1 村支持乡土人才繁荣创作,讲好 A1 村故事,传递 A1 村人真善美,传递向上向善价值观。村民们挥毫泼墨,书写了优美的诗歌、村歌和字画和书籍。临汾市尧都区 D1 镇 D1 村开设了每月一期的 D1 村道德大讲堂,由支部出题、村民作答,此外还创办了手机微信平台来记录村里的大事小情,很好地凝聚了民心。

2. 乡风民俗建设中存在的问题

(1)赌博现象

在调研过程中发现 19.68% 的村民会在闲暇时间打麻将,有半数以上村民反映村中有赌博现象,而且场所较为固定,比如小卖部或者村里的麻将馆等。村民参与赌博不仅会影响到个人的正常生活,严重的还会导致家庭破产、妻离子散,乡村社会的公序良俗也遭到破坏。[①] 虽然在当地公安部门和村委会的监管下情况有所好转,但个别乡村还是会存在赌博现象,需要引起重视。

(2)人情消费不合理现象

首先是人情消费礼金数额越来越大,从以前的一百元左右,到现在的动辄数百元,甚至随礼一千元也很常见。其次是人情消费的项目越来越多,比如婚丧嫁娶、小孩满月、老人过寿等,不仅浪费了社会资源,也加重了村民的负担,扭曲了村民之间正常的人际交往。

---

① 石桃军. 根治农村赌博之风的理性思考[J]. 法制与社会,2008(15):232.

(3)民俗文化濒临失传

很多村民的价值观念出现偏差，一味地追求物质享受，轻视精神生活，使得许多优秀的民俗文化濒临失传。在采访中，一位中年人说道："我们这一辈人很爱听戏，也会唱，但是现在的年轻人基本上没人会唱了，年轻人也不感兴趣。还有我们传统的踩高跷等，孩子们有的都没听说过。"此外还有纳鞋垫、剪纸等都逐渐淡出人们的视线。很多优秀的民俗文化除本地农民外鲜为人知，如果失传，实在令人惋惜。

(4)村民道德失范

首先是传统美德弱化。在发展过程中，有些村民一味追求物质财富而忽略了继承传统美德，甚至某些乡村地区存在偷盗、欺诈等行为。其次是注重个人利益，忽视了集体利益。有些村民为了一些个人的蝇头小利，不惜损害其他村民以及村集体的利益，如部分村民明知公共基础设施属于公共财产，还去偷盗基础设施物资，不仅破坏了乡村的和谐稳定，也不利于新时代乡风民俗的建设。

3. 乡风民俗的治理举措

(1)针对赌博现象的治理策略

第一，加大法治宣传力度。灵活运用多种方式宣传禁毒方面的政策措施、法律法规，使村民知法、懂法、守法；还可以运用电子媒体积极宣传，如微信公众号等，使村民树立健康文明的法治观念；公安机关也要定期进行法治宣传教育，引导农民树立健康、正确的价值观。

第二，做好精神文明建设工作。基层政府应该增加在精神文明创建领域的资金投入，加强基础文化设施建设，以村民喜闻乐见的形式办好乡村文化活动，向村民提供受欢迎的、具有竞争力的文化产品，这样也有利于村民摒弃赌博等不良嗜好，丰富业余生活，形成健康有益的生活方式。①

① 朱政．面向农民需求强化农村文化建设[J]．社会治理，2016(08)：66－68．

第三,运用法律手段打击赌博犯罪。对于村中以营利为目的的赌博活动的组织者和参与赌博的农民要进行教育引导,情节严重的,要诉诸法律。公安机关要依法对参与赌博活动的村民进行处理,全力构建一个和谐、稳定、文明的社会主义新农村。

(2)针对人情消费不合理的治理策略

第一,加强乡村自治管理。加强乡村自治管理既能帮助村民节省不必要的开销,又可以让村民参与到乡村建设中,促进社会主义新农村建设。首先是制定完善村规民约。我国古代就有村规民约,新时代更应结合时代特征和乡村发展实际情况,制定完善村规民约,正确引导民俗活动,倡导移风易俗。其次,充分发挥红白理事会的作用,制定相应的制度规范。平常可以组织规范红白喜事的宣传活动,使村规民约深入人心。

第二,引导村民树立正确的消费观。要向村民传达正确的人情消费观念,使村民在办酒宴时避免铺张浪费现象,奉行勤俭节约的原则。政府也可以合理地借助媒体的力量进行宣传,引导村民树立正确的消费观,减少大操大办、盲目攀比等行为。

(3)针对民俗文化濒临失传的治理策略

首先,对于乡村的民俗文化要科学规划。所属县文化部门要组织专业的团队,在实地考察当地民俗文化的基础上,将民俗文化分为需要抢救保护的、有开发价值的、有收藏价值的三种类别,再制定相应的民俗文化保护办法。

其次,在继承保护的基础上开发和创新。一方面要继承和保留乡村传统的特色民俗资源,另一方面也要创新乡村民俗文化的形式,开发出独具特色的民俗文化产业。运城市芮城县 A 镇 A1 村党支部、村委会重视培养本村乡土文艺人才,支持乡土人才繁荣创作,讲好 A1 村故事,传递 A1 村人真善美,传递向上向善价值观,村民们挥毫泼墨,书写了优美的诗歌、村歌、字画;每逢节日,A1 村党支部以建设社会主义核心价值体系为根本,丰富载体,创新活动,提高村民素质,如举办元旦联欢会、春节社火表演、三八联欢晚会、重阳节敬老孝老文化活动等。

(4)针对村民道德失范的治理策略

首先是因材施教,因地施教。也就说针对不同的村民采取不同的方法实施不同的教育,比如,对于以农业生产为主的村民,就要偏重引导他们树立勤劳、朴实的价值观;对于以经商为主的村民,则要偏重引导他们树立公正、不唯利是图的价值观。

其次是引导农民树立新型道德观。乡村振兴离不开新型道德观的树立,可以通过具体的、针对本村发展的教育和培训来弘扬文明向上的乡村价值观念,并使村民将其内化为自身的道德观念,树立乡村新型道德观。

(三)乡村文化自信与村落精神重建

1. 整合基层、乡贤群体和广大村民的力量

乡村文化自信与村落精神的重建需要整合基层、乡贤群体和广大村民的力量,只有形成合力才会有成效。①

(1)充分发挥村党支部等基层党组织的领导作用

基层党组织应把党和国家关于乡村振兴的新思想、新理论及时准确地向广大村民宣传,使他们感到自己处在党和国家战略部署中非常重要的地位,使乡村群众了解自己的生活方式也是人类文明的重要组成部分。

(2)发挥新乡贤群体的示范引领作用

当下新乡贤群体主要包括从乡村走出去、现已退休的党政干部与教师、医生、文化工作者,在大城市发展很好但选择回乡创业的人,为人正直、有责任心

① 倪国良,张世定.乡村振兴中乡村文化自信的重建[J].新疆社会科学,2018(03):135-137.

的村民，在外地的、关心家乡发展的其他人。[①] 乡村新乡贤群体的示范引领，可以激励广大村民尤其是青少年，提高他们对本村乡土文化的自信，从而更好地将优秀乡土文化传承下去。

（3）发挥广大村民的主体作用

广大村民是乡村生活的主体，也是乡村文化建设的主体。要使广大村民意识到自己的价值，形成对本村乡土文化的文化自信，进而吸引其他群体，加强他们对乡村文化价值的认同，最终实现乡村文化自信与村落精神的重建。

2. 组织开展凸显本土特色的文化教育活动

（1）培育新型社会组织，促进乡村文化的融合

培育新型社会组织，积极组织文艺队、腰鼓队、行业协会、志愿者协会等团体，通过团体的凝聚力促成社会组织创新，丰富乡土文化要素，提高村民参与的积极性，激发他们对乡村文化的热情，实现现实乡村伦理关系和文化认同的重构。

（2）组织开展形式多样的乡村文化活动

基层政府要根据乡村的实际情况，因地制宜地挖掘优秀的乡村文化资源，调动村民的积极性，使他们自发地参与到乡村文化建设中来。让广大农民根据乡村社会的变迁调整生产生活，在继承优良乡村文化的基础上，进行传统乡村文化的现代化改造和创新性发展，创造出与之相适应的新乡村文化。[②] 乡村可以组织文化教育活动，丰富村民的文化生活。

（3）开展乡村民俗文化教育活动

应开展乡村民俗文化教育活动，向村民普及民俗文化方面的知识，加深村

① 赵霞，杨筱柏. “人的新农村”建设与乡村文化价值重建研究［J］. 农业考古，2016(03)：236－242.

② 闫惠惠，郝书翠. 背离与共建：现代性视阈下乡村文化的危机与重建［J］. 湖北大学学报（哲学社会科学版），2016(1)：152－158.

民对本村民俗文化的了解和认同;开展民俗文化技能培训,提升村民的相关技能和素质,帮助村民就业致富;同时,要鼓励优秀人才返乡,发挥他们自身的学识、经验、专长、技能,激励村民更好地融入本村民俗文化的建设中。

3. 重塑乡风,建构乡村文化表达机制

(1)加强对乡村非物质文化遗产的保护,守护乡村文化之根

非物质文化遗产是乡村文化的最原始表达,必须优先保护散布在民间的大量非物质文化遗产,防止过度的商业开发,避免文化遗产被随意破坏。加大对历史文化村的保护和恢复力度,鼓励村民参与文化遗产保护工作,切实保护乡村文化的根脉。①

(2)深入发掘乡村文化内涵,推进乡村振兴

首先,要深入发掘乡村文化内涵,聚焦乡村文化特色产业,避免盲目跟风,打造独具特色的乡村文化品牌。其次,要发挥乡村学校的德育功能,将良好的家庭作风和家庭指导思想纳入学校的德育课程。再次,开展积极向上的文化活动,抵御封建迷信等落后观念,引导村民树立社会主义核心价值观,推进乡村振兴。

(3)利用现代科技开发文化产品,满足村民的多元文化需求

合理使用现代化手段,如合理利用电视、互联网、媒体等,改善乡村文化基础设施建设,逐步建设文化演讲厅、乡村图书馆、文化广场等休闲活动场所,丰富村民的闲暇生活,提高他们的科学文化素养。

---

① 沈一兵. 乡村振兴中的文化危机及其文化自信的重构:基于文化社会学的视角[J]. 学术界,2018(10):56 – 66.

四、乡村教育生态

扶贫先扶志、扶贫必扶智,为了促进乡村经济发展,为了在全面建成小康社会后继续维持乡村经济良性有序发展,改善乡村教育生态迫在眉睫。乡村教育生态是指在乡村生态系统的大环境中,具有教育作用和意义的生态主体和生态环境。本节主要从学校教育和家庭教育两部分阐述当前乡村教育生态的现状。乡村学校教育生态主要包括学校生态、教师生态和课程教学生态;乡村家庭教育生态主要包括家庭结构生态和家庭教育指导生态。只有学校教育生态和家庭教育生态良性协同发展,才能培育出乡村新一代内生动力,才能从根部改善乡村经济状况和乡土文化环境,让村民过上幸福小康的生活。

(一)乡村学校教育生态现状调查

乡村学校教育生态是由外部和内部生态环境相互联系而成,对乡村学校教育的产生、存在和发展起着制约和调控的作用。[①] 在城乡一体化的背景下,国家采取一系列重大政策措施,不断加强乡村义务教育,山西省乡村义务教育办学水平得到显著改善。据山西省统计年鉴 2019 的统计数据,2018 年山西省共有小学 5445 所,小学学龄人口入学率达到 99. 95%,但是乡村教育仍然是教育的短板。

① 范国睿. 教育生态学[M]. 北京:人民教育出版社,1999:155.

1. 乡村学校生态失衡

(1)乡村学校教师与学生流失严重

山西省属于山地高原地区,全省以山地、丘陵等山区地貌为主,大部分乡村地处偏远山区。地理位置及乡村滞后的经济发展导致一些乡村学校处于劣势。一方面,基础设施相对较差,引进人才困难,教育质量较低。另一方面,家长为了追求高质量的教育,或者为了提高家庭经济收入选择外出打工,造成生源流失严重,久而久之,乡村校舍空置,乡村学校逐渐走向凋敝。调研发现,临汾市襄汾县 A 乡的 A1 村小学就属于上述情况。该校不是中心学校,属于村小。首先,该校教师流失特别严重,导致任课教师数量不够,基本上每位教师都要教授两科。一位教师说每年身边的同事都会换。谈到“为什么离职?”教师说道:“村里经济落后,一些特岗教师又因为离家太远,不愿留下来。”其次,生源匮乏,每班学生数在 15 ~ 20 人,且大部分都是留守儿童。有些家长为了让孩子接受好的教育,选择将孩子送到城市的寄宿制学校,自己出去打工。

(2)乡村学校生态布局与服务半径不协调

大量乡村走读生上学距离较远。介休市 A 乡 A1 小学是附近村子经历学校撤并之后唯一留下来的小学,属于非寄宿制小学,周边村子的学生都在此上学。为了解决学生上学远的问题,该市 K 集团和教科局捐赠了两辆校车。在访谈时了解到,一年级有 15 个坐校车的孩子,有的孩子坐校车从家到学校也得一个多小时。校车虽然解决了孩子上学不安全的问题,但对于低龄儿童来说,乡村学校布局违背了就近入学的原则,并没有从根本上解决上学远的问题。

(3)学校设备相对齐全但优质教育资源配置不够,教育质量偏低

据调查,基本上所有的乡村学校都配备相对齐全的基础教学设备,但是教育质量仍然难以提升。一方面,政府部门投入的各类硬件设施或被闲置或使用不当,利用率不高,导致教育资源浪费。另一方面,缺乏优质的教育资源。兴县 A 乡 A1 小学是经过撤并后留下来的一所寄宿制村小,该校大概有 100 至 150

名学生,十几名教师,教育质量不高。在访谈时了解到,该校没有图书馆、实验室、微机室等,2017 年底才安装了多媒体设备。另外,部分村小甚至一些乡镇中心小学基本没有合格的、专门的操场,只是教学楼前有一片空地。即使乡村学校已经配备相对齐全的基础设备,但是仍然缺乏优质的教育资源。

2. 乡村教师生态失衡

(1)专职教师年龄结构"断层"突出

调查发现,乡村专职教师老龄化现象明显,年轻教师流失严重,年龄结构上"断层"突出。闻喜县 C 镇 C2 村的 C2 小学是集幼儿园和小学为一身的非寄宿制小学,每个年级 15 人左右。访谈时一名教师表示,该校教师年龄结构很不合理,年龄以 50 岁以上的老教师和刚毕业的新手教师居多,学历一般为大专及以上。除此之外,翼城县 C 镇 C1 村 C1 小学也存在同样的问题。该校属于寄宿制学校,学校有 200 ~ 300 人,学校基础设施基本达标,但教师结构存在问题。有编制的少,且都是老教师;没编制的多,都是代课教师。学校教师年龄结构极不合理,教师学历以大专、中专居多。教师队伍缺乏新鲜血液注入,整体素质和教学水平难以得到保证。

(2)乡村教职工配置仍不齐全

一般来说,乡村学校的教职工主要包括任课教师、生活教师、后勤人员(炊事员、保卫人员、校医等)等。调查显示,大多数乡村小学在任课教师的配备上基本合理,但是乡村教师队伍仍然严重短缺,学校规模与教职工配比尚不匹配。一是任课教师身兼数职,每个教师至少带两门学科;二是缺乏专业的音体美教师。在介休市 A 乡 A1 小学调研中发现,该校音体美教师数量不达标。三是后勤人员缺乏,寄宿制学校生活教师严重不足,保卫人员、校医等人员多为教师兼任。在襄汾县 A 乡 A1 小学了解到,该校没有保安,学校做饭阿姨同时会担任监管宿舍的任务,也没有专门的校医室。

(3)教师群体“花盆效应”明显

俗话说:要想给学生一碗水,教师需要有一桶水。从生态学的观点看,不管桶有多大,一桶水都是“死水”,而教师应该拥有“一潭活水”,只有源头不断得到补充,水体才不会枯竭;只有从水源更新,水体才不会贫营养化。在封闭或半封闭的乡村学校系统中,教师仅仅靠着书本内的闭锁式小循环,必然会导致教学脱离实际,难以保障教育教学的长远发展以及教师自身的专业发展。调查表明,在乡村教师群体中,“花盆效应”相当明显。一方面,不同学校之间的教师很少流动,而且教师交流活动多流于形式并且效果不明显,甚至部分学校没有交流教师;另一方面,乡村学校很少组织教师外出学习,并且有些教师的自主学习意识也相对薄弱,部分教师表示自己一般只看看教材和参考书,很少会看理论性的书籍。

3. 课程教学生态失衡

(1)课程设置与教师配备不合理

调查发现,部分乡村学校只开设主科,没有音体美劳以及心理健康等课程,学校课程设置与教师配备很不合理,重智育轻德育、美育、体育、劳育,出现乡村课程教学生态失衡。襄汾县 A 乡 A1 小学的一位年轻特岗教师表示:“学校教师非常短缺,我带这个班的语文、道德与法治,另一个老师带数学和科学,学校是没有音体美劳这些课程的。”优秀教师的短缺直接导致学校师资配备不合理,影响学校课程的开设,忽视了学生德智体美劳的全面发展,破坏了乡村学校教育生态。

(2)教学内容缺乏乡土文化气息

乡村学校是乡村文化传承的重要载体,在乡村学校过度追逐城市教学节奏的背景下,其课程的设置脱离乡村和学校特色,缺少校本课程的开发,忽视师生的乡村文化价值观教育,导致乡村师生的乡村文化价值观逐渐淡化。访谈时一位特岗教师说:“只要是家庭条件还不错的学生肯定都会去城里上学,这些没去的孩子基本都是家庭经济实在困难，没有办法啊。”许多师生从根本上对乡村文化缺少认同感，有的教师不愿意在乡村教学，大量学生也一味想要走出家乡，乡村人口不断外流，教师和生源流失严重，乡村学校空心化，从而使得乡村文化日益衰落。

(3)教学评价方式单一

教学评价系统对教师“教”和学生“学”具有导向作用，不合理的评价方式会导致不良的结果。调查发现，部分乡村学校把分数作为衡量学生的唯一标准，重视知识方面的检测，而轻视对学生创造精神和实践能力的培养和检验，为了赶上城市学生的学习进度，忽视乡村学生的发展和成长规律，教学方法相对机械。学生学习负担相对较大，学习与生活相脱节，缺乏学习兴趣和动机，进而产生“读书无用论”的思想。

调查发现，“读书无用论”的思想在乡村仍然存在。调查结果显示，由于家庭经济负担过重，有36.45%的父母常年在外打工，有35.81%的父母在有空的时候会外出务工，无形之中就忽视了孩子的学习。襄汾县A1小学的教师说：“家长们很少关心学生的学习，他们认为出门打工或卖饼子，就可以赚钱，没必要去读书。等赚够彩礼钱，孩子成家之后，自己的任务也算完成了。”这致使部分乡村的学生在上完初中之后辍学率很高。

(二)优化乡村学校教育生态系统的建议

为了优化乡村学校教育生态，确保乡村学校教育生态均衡发展，必须树立生态意识，从绿色校园环境、生源回流计划、优质均衡的教育资源生态链、优秀教师生态圈、有机课程体系、原生态教学模式等来积极探索优化乡村学校教育生态环境的途径和方法，调控乡村学校教育生态平衡，从而达到乡村学校教育生态自然协调，实现教育的最优化，提高乡村教育质量。

1. 建设“以和谐为美”的绿色校园环境

（1）加强学校基础建设，构建校园绿色生态环境

乡村学校的自然生态环境是乡村学校教育发展的基础。各级政府部门要及时发放教育经费，维修和改善乡村学校的校舍，补全寄宿制学校的基本生活设施，按照“建设一所、达标一所、用好一所”的要求，按照“缺什么、补什么”的原则，完善乡村学校生态的建设标准，加快其标准化建设。如明确床铺、食堂、饮用水、厕所、浴室等的基本标准；保证寄宿制学校各类卫生及工勤服务人员配备标准等。同时，学校应该注重学校绿色生态环境建设。应努力给乡村学生和教师提供一个优美的绿色生态校园，以满足他们学习和生活的基本需求。

（2）以学校人文生态促乡村学校内涵式发展

乡村学校的人文生态环境主要指校风、教风和学风，也包括乡村学校的规章制度。立德树人是乡村教育的根本任务。乡村的校园文化建设是乡村学校可持续发展的基础，如民主化管理，营造“校长关爱老师，老师关爱学生”的校园文化等。另外，教师要充分发挥乡村及乡村学校教育资源的独特优势，注重乡村文化价值观教育。好的校风和教风必然会带动好的学风，形成一种巨大的精神力量，调动校园内所有人员的积极性，为学生营造一个独具特色的乡村学校人文环境，从而促进乡村学校的内涵式发展。

2. 创建“以关爱为主”的生源回流计划

关爱学生是减少乡村生源流失最有力的方法，各乡镇政府要制定相关的鼓励性政策，通过强化生源基地建设来吸引生源。首先，应该确定乡镇所辖村的分布情况，统计所在村的受教育人口数量，对乡村学校周边的在校生实行生活补贴以及家庭补助，对寄宿制学校的寄宿生实行住宿减免政策等。其次，要建立以乡镇为中心的招生宣传网络，分片设点来进行关爱宣传，遵循乡村学校教育的规律，根据当地特色创新宣传办法，用爱、尊重以及乡土情怀来留住学生。

另外,要保障学校和教师能给予学生无微不至的关爱,营造一个良好的教育环境。

3. 建立优质均衡的教育资源生态链

为提高乡村学校教育质量,必须要建立优质均衡的教育资源生态链,确保教育资源使用效率达到最优化。首先,学校应当把有限的资源合理分配,不要盲目把教育拨款用于重建校舍等花费巨大的地方,而是在排除安全隐患的情况下维护和装修校舍,减少推倒重建的花费,用省下的资金保障教育教学基础设施建设,配置新媒体教学设备,如购置多媒体教学设备,并选择匹配的校园高速网络服务,促进数字教育资源在乡村学校全覆盖,以信息化促进优质教育资源共享,方便在线课堂、网络教研、线上学习的发展。其次,提高施教者的素养,包括校长的教育理念和组织理念、任课教师的教学观念和能力等。再次,充分利用教育资源,如不把配置的教育资源闲置,而是按器材种类分别设立音乐、美术、体育以及科学器材室,由专人负责管理,并建立详细的档案整齐归置。

4. 打造互动互学的优秀教师生态圈

(1)完善教师补充保障机制,保障师资配备均衡

完善乡村教师补充保障机制,是乡村教师队伍稳定的必要保障。各地相关部门应在中央文件的指导下,结合当地实际情况制订教师选聘方案,尤其是乡村教师的招聘,保证乡村学校教师在数量和质量上达标。同时,改善乡村师资队伍结构,进一步改善乡村学校的办学水平和教育质量。另外,大力推进中小学“县管校聘”管理制度,认真落实校长负责制,健全教师的工作激励制度,如在直接的资金补助上,提高教师的津贴待遇,尤其是交通费补助、生活补助、假期

补助等,保障师资配备均衡,减少教师流失。①

(2)扩大信息流输入,创建教师学习共同体

扩大信息流输入,就是要及时更新学校管理层和乡村教师的教育思想和教育方式。首先,学校管理层要把国家的教育方针、社会发展对教育的要求、学校办学的指导思想及时传达给教师,并且要紧跟时代步伐,更新教育观念,建立科学的教师评价指标体系。其次,创建教师学习共同体。教师在教学过程中不仅要自我反思,还要加强同伴互助。可定期组织教学研讨会等,不断丰富教师的专业知识,提升他们的教学能力,改进教育教学和管理工作,努力使教师最优化发展,为乡村学校生态增添生机和活力。

(3)构建和谐的教师流动制度

乡村优秀教师队伍是稳定乡村学校教育生态系统的主要动力。按照生态位原理,各生态系统之间是相辅相成、相互促进的,各市县政府要构建和谐的教师流动制度,引进优秀的人才。对于处在不同生态位的师范院校和小学来说,师范院校要加快提高省内师范教育质量,为乡村各小学输送合格的教师;而对于处在相同生态位的不同学校教师来说,要加强落实教师交流制度,完善城乡学校支教制度,建立城乡学校“手拉手”对口帮扶关系,提高乡村学校的教育质量。

5. 构建“以乡土为根”的有机课程体系

为加强乡村小规模学校的改造和可持续发展,必须坚持“建设小而美的乡村学校”的发展目标,构建“以乡土为根”的有机课程体系,从而推动乡村小规模学校的生态发展。因此,要打破封闭式的教育,让师生走向自然,使乡村、生活、生态等成为教育资源,在乡村这种开放的自然环境中,把教育和社会生活、生产

① 刘善槐,朱秀红,王爽. 乡村教师队伍稳定机制研究[J]. 东北师范大学学报(哲学社会科学版),2019,17(04):122 – 127.

紧密联系,开发一些具有乡土特色的本土课程。另外,乡村教育要因地制宜,不能盲目参照城镇学校所安排的课程,要注重乡土文化教育,设置一些与乡村文化传播相关的课程,从而培养乡村学生对美好事物和大自然的热爱,增加乡村自信,扎下乡土根脉,使乡村学校发挥为改造和振兴乡村服务的教育功能。

6. 回归"以学生为本"的原生态教学模式

乡村学校要着眼于乡村学生的终身可持续发展,打破"读书无用论"的思维禁锢,回归到"以学生为本"的原生态教学模式。首先,在原生态教学过程中,应该渗透乡村生活,让教学回归自然、返璞归真。把教学活动置于乡村生活背景中,让学生学会在生活中学习,引导学生主动参与,鼓励学生自由探索,引导学生热爱乡村的大自然。其次,对于人数较少的乡村学校,原生态教学就是发展小班化教学,教师采用更加灵活的教育教学方法,突出因材施教,给学生营造一种民主自由的学习氛围,解放学生思想,让整个教育教学都处于生态平衡的状态。

(三)乡村家庭教育生态现状调查

父母作为儿童的第一任教师,家庭教育在儿童成长的过程中有着不可或缺的作用。在教育生态学的视角下,乡村家庭生态系统不再是一个被割裂的部分,而应是一个全面的、系统的、动态的整体,并与个体和外部环境相互联系、相互影响,始终保持良性循环,达到协调统一、可持续发展的状态。在乡村家庭,尤其是贫困家庭中,许多父母由于经济负担过重,平时经常外出打工,致使乡村家庭生态失衡。另外,乡村家庭教育生态失衡导致家长的家庭教育意识淡薄,家校合作困难,家庭教育的内容狭窄、方式不当等,这又反作用于乡村家庭教育生态,使其失衡问题愈发凸显,对儿童的身心发展产生了很大的负面影响。

1. 乡村家庭生态结构失衡

(1)家长角色缺位

在乡村家庭中，许多父母由于家庭经济负担过重，选择远离家乡和孩子外出打工。调研结果显示，有36.45%的村民常年在外打工，有35.81%的村民有空会出去，他们的孩子通常是由祖辈或者亲朋好友监护和教育，也有部分父母有一方外出打工，这些家庭间接成为“单亲家庭”。在这种情况下，孩子由于长期缺乏父母的关爱，与父母逐渐疏远，甚至产生一种孤僻、自卑、敌视别人进而自我保护的心理倾向。除此之外，造成乡村家长角色缺位的另一个原因是孩子特殊的学习和生活方式。父母为了孩子能够接受良好的学校教育，将孩子从离家近的村校或者乡镇学校，转到县城的学校上学，这些学生大部分一年只有在暑假或者寒假才能见到父母。部分学生与祖父母在学校周边租房住，部分学生在三四年级时就住在寄宿制学校。还有一些家长的家庭教育意识淡薄，尽管很关心孩子的教育问题，把责任都推到学校和老师身上，对孩子放任不管，没有一个明确的家长角色定位，也没有尽到家长的责任。

(2)留守儿童频现

随着我国城镇化进程的不断推进，进城务工成为乡村家庭提高经济收入的主要举措。每年都有大量的青壮年远离家乡，去附近的县城或者发展好的市区打工，把自己的未成年子女留在家乡，导致大量留守儿童出现。调研中发现，儿童被留在乡村是普遍现象。例如，芮城县B镇B2村B2小学在校生77人，其中留守儿童55人，占比71%。B2小学属于小规模学校，全校有6名教师，却只有13名学生，所有学生都是留守儿童，平时在学校和老师同吃同住，老师负责学生的学习及饮食起居。父母外出务工打破了稳定的家庭模式，阻碍了孩子与父母之间的亲子交往，家庭生态平衡遭到破坏。除此之外，调研发现，孩子由祖父母代为监管，祖辈对孙辈的疼爱是毋庸置疑的，在生活上能把孩子照顾得无微不至，但是由于文化水平和教育观念的限制，他们很难根据现代教育的要求抚育孩子,一般对孩子的学习缺乏管教和督促,在心理上也不能及时引导,甚至会无节制地溺爱孩子。有些家庭的教育方式简单粗暴,甚至通过体罚的方式管教孩子,这些不科学的教育方式都将影响留守儿童身心的健康发展。

(3)家庭教育功能缺失

家庭为孩子营造良好的家庭生活氛围,对孩子的健康成长具有非常重要的意义。家长是儿童价值体系的主要建构者。但是,受各种因素的影响,部分乡村家长与子女缺少有效沟通,对孩子缺乏正确的引导。在调查中发现,大多数乡村家长无法对子女进行系统科学的家庭教育和指导,导致家庭的教育功能未能完全实现。有的家长认为孩子只有读书考大学,将来才能找到好工作;有的家长认为孩子上不上学无所谓,只要能赚钱、会赚钱就是成才;有的家长认为孩子还小,什么都不懂,没有什么心事,根本没必要关注孩子的心理;有的家长认为只有听话的孩子才能正常沟通,顽皮捣蛋的孩子很难进行正常沟通,甚至一些家长认为自己只要能让孩子吃饱穿暖、能上学,就已经尽到做父母的责任,很少考虑通过言语交流来了解孩子的身心需求。因此,很多家长在家庭教育内容上片面狭窄,在教育方式上简单粗暴,导致家庭教育功能弱化。

2. 乡村家庭教育指导生态失衡

家庭教育指导作为一种具有专业性的教育活动,既包括家庭外的机构、团体或者个人对家庭教育的指导,也包括家庭内部家长对孩子的教育指导过程。[①] 这里重点论述针对家长的家庭教育指导。改善家庭教育指导现状,尤其是改善和提高乡村家庭教育指导,是目前学者关心的热点问题。调研发现,乡村家庭教育指导存在指导主体局限、指导形式单一和指导频率较低等问题。

(1)指导主体局限

乡村家长由于自身条件所限,教育观念较为陈旧,家庭教育意识淡薄,一般

① 晏红."家庭教育指导"概念辨析[J].江苏教育,2018(72):50-51.

只能通过学校与教师来接受家庭教育指导。调研结果显示，大多数教师表示自己与家长的联系不是很多，主要是因为很多乡村家长都外出打工了，常年不在家里，偶尔在春节等假期才会回来，并且对子女的关心程度很低。除此之外，家长还会向其他有经验的家长来讨教家庭教育的技巧。总之，乡村家长的家庭教育指导主体仅仅局限于老师和其他家长，缺乏专业人士的引领，相关部门应对他们进行更加专业化、有针对性、科学系统的家庭教育指导。

(2)指导形式单一

调查结果显示，乡村家庭教育指导方式主要是以学校为主导的集体性指导活动，如举办家长会与家庭教育经验交流会、组织家长委员会等。其中家长会是最为传统，也是最主要的一种指导形式，但目前家长会的主题主要是学生的成绩，老师讲家长听，缺乏互动。这类家长会的指导氛围单调，使得大多数家长认为家庭教育指导只是流于形式，并没有发挥其作用。此外，如今老师很少对家长进行针对性的个别化指导，还有部分学校面对面的家庭访问制度形同虚设，家访和个别咨询等个性化指导方式还很欠缺。对于乡村来说，政府以及社会团体很少组织相关的主题活动，难以满足乡村不同家长的学习需求。

(3)指导频率较低

老师是指导乡村家庭教育的主力，但是访谈时了解到，只有在学生成绩下降或行为有偏差时老师才会及时与家长联系，平时很少与家长联系。原因一是家长不是很重视孩子的教育，二是家长实在太忙了，把孩子交给学校和老师，便认为教育就是学校和老师的责任了，尤其是一些外出打工的家长经常不参加学校组织的家庭教育指导活动。另外，指导频率较低与乡村学校凋敝、教师流失严重有很大关系。乡村学校师资力量有限，老师一般一人承担多种责任，压力巨大，没有多余的精力指导家长教育。

3. 家庭教育缺失对留守儿童的不良影响

儿童需要爱和关心，不是任何人的私有财产，是不能随意舍弃、任意处置的生命。孩子的健康包括身体和心理两个方面,两个方面都非常重要。作为家长,应该站在孩子的角度去关心他们。孩子成长过程中缺少与父母的交流,会对其方方面面都产生极大的负面影响。

(1)情感疏离

父母外出打工,留守儿童不得不在最需要父母陪伴的时间与父母分离。电话、视频等方式虽然方便了亲子联系,但是缺乏近距离的关爱还是会让亲子关系疏远。问卷调查结果显示,父母与留守儿童缺少情感交流,且大多数都是半年到一年才见一次孩子,甚至有的留守儿童一两年都见不到父母。

(2)性格缺陷

留守儿童正处于身心发展的关键期,缺乏与父母的近距离交流会使他们的人格发展受到影响,严重的还会造成一定的性格缺陷。例如有些孩子性格内向、孤僻,不善于与同伴交往,有些孩子情绪不稳定、敏感,有些孩子待事很消极、待人很冷漠,甚至陷入自我封闭。这些倾向极不利于留守儿童进行正常的学习、生活和交往,直接影响其健康成长和全面发展。例如,兴县 B 镇 B1 小学有一位学生,因为母亲在她很小的时候就离家出走,父亲为了维持生计,不得不外出务工,留下她和祖母在家。通过学校教师了解到,该学生平时少言寡语、性格孤僻,且由于从小妈妈就离开她,现在每当听到"妈妈"两个字时,她都会非常伤心,心中充满对母亲的恨意。虽然学校老师会定期给该学生进行心理辅导,并在生活和学习中都会给予更多的关怀,但这也难以代替父母的爱。

(3)行为习惯不良

在"重智轻德"的大环境下,父母多关注孩子每次的考试成绩,却忽视道德教育,导致孩子对生活中的各种问题缺乏正确的判断力,不能明辨是非,甚至养成一些不良的行为习惯。如在学校违反纪律、打架斗殴,在家对长辈没礼貌、不听管教。兴县 B 镇 B1 村 B1 小学四年级学生小闫,属于建档立卡单亲家庭,也属于事实孤儿,父母离异,父亲患有重度精神病(住院治疗),他与爷爷奶奶共同生活,全家靠体弱多病的两位老人务农为生,生活相当拮据,且该生左眼失明。

这种家庭情况导致孩子不能安心学习，行为习惯不良，人格发展不健全。同时，有些父母和孩子的沟通很少，对儿童的精神和心理世界关心很少，有可能使他们形成错误的人生观、世界观和价值观，很容易步入歧途。

(4)学业荒废

祖辈监护人一般受教育程度低，教育方式要么是溺爱式，要么是放任式，很难提供实质性的学习辅导。在学习动机上，亲子分离某种程度上会导致儿童学习动力不足，从而影响学业。另外，有一部分孩子受父母的影响信奉“读书无用论”，早早就选择辍学务工。在学习习惯上，孩子天性好玩，自控能力较弱，如果缺乏必要的监督和有效的辅导，就可能会养成迟到早退、逃课、不交作业、上课做小动作等不良习惯，最终影响到学业。

(四)乡村家庭教育生态系统重建

在教育生态学的视角下，从生态平衡出发，家庭生态系统同社会各个子系统，以及家庭生态系统内部实现良性循环和互动，是实现乡村家庭教育生态系统可持续发展的根本途径。因此，要全面地、联系地、动态地思考，将家庭生态系统作为一个整体来看待，依据家庭教育的规律和生态机制，探索优化乡村家庭教育生态环境的途径和方法，重建乡村家庭生态系统，促进乡村家庭教育生态可持续发展。

1.优化家庭外部的生态环境圈

(1)提高农民经济收入以减轻家庭负担

当地经济落后是农民外出打工的根本原因，因此发展乡村经济，根据当地特色发展特色产业或者绿色旅游业，提高农民收入为当务之急。另外，加大对进城务工人员返乡创业就业的资金扶持力度，在政府的引导下，以建立现代农业体系为目标，走有中国特色的农业产业化道路，提高农产品市场的竞争力，鼓励农民发展新型农业,实现农民增产增收,这是乡村家庭教育生态系统重建的根本出路。这样农民就不会为了经济问题而选择外出打工,孩子的家庭教育也不会缺失。

(2)加大对家庭教育重要性的宣传力度

让孩子健康成长,需要全社会的共同参与。应发挥各方力量,加强宣传力度,利用电视、微信、微博等媒体,开展丰富多样的家庭教育宣传活动。同时建立家长学校,或创新探索"家长帮""家校通""家长慕课"等家校共育平台,为家长提供指导和培训,普及相关的家庭教育知识。除此之外,强化家长自觉履行监护责任的法律意识,从法律层面起到约束家长的作用,共同为乡村儿童构建一个良性的家庭教育指导生态系统。

(3)定期组织开展乡村家庭教育指导活动

首先,坚持以学校为主、社会为辅的原则,定期举办形式多样、内容全面、系统科学的乡村家庭教育指导活动。其次,学校要进一步做好与家长的联系,时常深入家访,在对家庭教育的充分调研中,总结更有针对性、更有实效的教育方略,及时调整和改进教育管理模式。另外,政府相关部门还应该成立"留守儿童家庭教育指导中心",定期举办关爱留守儿童的活动,评选出学校的留守儿童关爱天使。教师还应该利用课余时间和社会实践活动的时间多关心照顾留守儿童。

2.家长积极建构积极的生态自我

(1)明确自我生态角色

父母作为孩子的第一监护人,对孩子有监护、抚养、教育的义务。因此,家长首先要有明确的自我生态角色认知,提高监护主体意识,明确责任担当,尽量留一方在家里陪伴孩子成长,通过循循善诱和以身作则让孩子能够坦然面对生活中的困难,养成积极乐观并且勇于承担责任的优良品德。降低父母尤其是母亲的外出比例,让母亲能够陪伴孩子成长,对于留守儿童尤其是低龄留守儿童有着重要意义。①

(2)树立正确的家教文化观念

家教文化观念,简单来说就是秉持什么样的家庭教育思想,把孩子教育和培养成什么样的人。父母在日常教育孩子时,应站在儿童的角度考虑问题,给予孩子更多的陪伴和正确引领,不能仅关注孩子的学习,而忽视最重要的品德和心理发展。父母要明白一个道理,关注分数不等于重视教育,花钱不等于花时间,给物质不等于用心思,孩子需要的是家庭温暖和精神支持。只有注重孩子的精神需要,守护孩子的身心健康,才能让他们健康成长,从小养成良好的习惯,成为一个全面发展的人。

(3)重视与孩子沟通交流的技巧

良好的亲子沟通是父母进行家庭教育的关键。很多家长认为孩子不愿意跟自己交流,其实是自己用错了方法。家长首先要尊重、了解孩子的情绪,了解孩子因什么事情而情绪波动,探寻问题根源。其次要以平等的姿态去理解和接纳孩子,尤其重视与孩子的沟通。外出务工的父母由于常年不在孩子身边,不能近距离感受孩子的情绪与成长,但也不能忽视平时与孩子的远程交流。父母可以通过微信视频、打电话等方式,多与孩子交流,了解孩子平日的生活、学习状况。父母的关爱和陪伴能够促进亲子关系,给予孩子一种踏实感和归属感。

(4)积极参与家庭教育指导活动

家庭是孩子的第一所学校,家庭的教育环境、教育指导方式都深深地影响孩子的身心发展。科学合理的家庭指导方式不仅能够教育好孩子,还能营造温馨和谐的家庭氛围。家长应该积极参与学校或社区组织的家庭教育指导主题活动,广泛阅读与家庭教育相关的书籍,对于学校组织的家长会,家长要主动与老师、其他家长探讨,及时了解学校的教育理念,配合学校的教学,主动参与学

① 邬志辉,李静美.农村留守儿童生存现状调查报告[J].中国农业大学学报(社会科学版),2015,32(01):65-74.

校的管理,走出教育孩子的误区,不断提升自己的家庭教育能力,给孩子创造一个良好可持续发展的家庭教育生态环境。

五、乡村基层政治生态

乡村基层政治生态关系着乡村的发展命脉,也是乡村基层治理的重要组成部分。培育良好的乡村基层政治生态,有利于调动民众的积极性,营造风清气正的乡村政治文化氛围,推动乡村基层治理向规范化、标准化转变,全面激发乡村基层治理活力。应从乡村基层组织建设和治理行为两方面入手,更加全面地发挥基层政治为人民服务的宗旨。

(一)乡村基层组织建设现状调查

乡村基层组织在乡村建设和发展中起着重要的作用。党的十九大报告也明确提出把乡村基层党组织建设成为宣传党的主张、贯彻党的决定、领导基层治理、团结动员群众、推动改革发展的坚强战斗堡垒。

1.乡村组织的运行机制

(1)乡村基层党组织的职能

乡镇党委和村党组织在乡村处于领导核心地位,其职能履行情况关乎乡村发展。制定符合本村实际情况的发展模式、进行精神文明建设、开展党员培训工作等都是基层党组织的重要职能。

调研发现,临汾市尧都区D镇D1村的基层党组织建设相当完善。村第一书记为了把党员凝聚起来,发出基层支部的声音、重塑党员的形象,在全村发起了“义务劳动”的号召,建设村级党员活动中心。村党支部经常在晚上组织全村党员集中学习，一人不落，被县里评为“红旗党支部”。在第一书记的带领下，党员和村民干劲十足，力争把村庄建设好、发展好。

(2)民间组织在乡村社区自治中的作用

乡村基层政治生态除了基层党组织以外，还包括民间组织。民间组织是公民自愿组织的非营利的社会组织。① 民间组织在乡村政治治理和建设发展中发挥重要的作用。首先，民间组织作为政府工作人员的补充，可以提高办事的效率。尤其是对乡村每家每户进行调查时，需要大量人员深入农户家里详细了解农户的基本情况，民间组织此时成为有力的后备军，极大地提高了完成任务的速度。其次，民间组织是调节村民矛盾的中间力量。当村民遇到问题时，有时会先把问题反映给民间组织人员，然后由民间组织人员反映给政府，最终提出解决问题的策略。最后，民间组织为村民提供各种服务来满足他们政治、经济、文化等各方面的需求。如民间组织在村庄建立养老院、各种慈善机构等，为需要帮助的人提帮助。

2. 乡村基层民主

(1)乡村基层干部选举与任用

《中国共产党农村基层组织工作条例》(以下简称《条例》)对于乡镇党委选举进行明确的规定。《条例》规定乡镇党委每届任期 5 年，由党员大会选举产生，但必须是党员人数 500 人以上的村党的委员会，经乡镇党委批准才能选举。据调查，有 83.55% 的村民表示自己所在村的村主任为村民选举产生。兴县 C 镇 C1 村现有党员 12 名，村支两委 5 人，村民代表 5 人，村级班子健全。该村从乡村党员阵地建设入手，全力抓好乡村党支部的组织建设，通过包村镇干部、驻村工作队和第一书记的协助和各项扶贫政策的落实，来提升党支部为民服务本

① 张丽丽，左侠. 当前我国农村民间组织在村庄治理中的作用[J]. 理论观察，2009(05)：112－113.

领。C2 村党支部是连续九年的“五好支部”，党建工作扎实有效，在脱贫攻坚过程中，党支部和党员干部充分发挥带头引领的示范作用，为完成脱贫攻坚工作奠定了良好的基础。

(2)村规民约的制定与施行

村规民约是村民进行自我管理、自我服务、自我教育、自我监督的行为规范。芮城县 A 镇 A1 村制定了“一约八会”，其中，“一约”即《村规民约》，2015 年经多次讨论通过，新修订的《A1 村村规民约》正式公布实施，明确为“共商、共建、共享”和“自治、法治、德治”的村民自治模式提供了管理依据。

调查发现，大部分乡村并不重视村规民约的制定，忽视村规民约在约束村民行为中的作用，认为制定的内容在实施时也会流于形式；有的乡村虽制定了村规民约，但内容大而空，缺乏实际指导和约束意义，不仅没有发挥其应有的作用，反而产生了许多负面影响。

(3)村民参政议政

村民参政议政是社会主义民主政治建设的具体表现，是完善村民自治制度的必然要求。据调查各村级重大事项决策都实行“四议两公开”(村党组织提议、村“两委”会议商议、党员大会审议、村民会议或者村民代表会议决议，决议公开、实施结果公开)。兴县 C 镇 C1 村在村党支部的引领下认真落实“四议两公开”工作制度，夯实支部基础工作，强化党员队伍教育与管理，认真落实十九大精神和习近平总书记视察山西重要讲话精神，严肃各项民主评议和专题民主生活会制度，确保村务公开、公正、透明，从而进一步提高群众满意度，建立和谐稳定的新农村。

芮城县 A 镇 A1 村党支部与村委会，本着有事好商量，众人的事由众人商量的原则，发扬民主，不断探索，创新实行一户一代表的“户代表”制度，每月 25 日“党员 + 户代表”举行例会，票决村务、财务相关事项，一律实行“346”表决制。

芮城县 A 镇 A1 村“346”表决制具体内容：

1. 有三分之一以上的户代表提出的事项，村委会必须立即主持召开全体村民代表会议进行通报。

2. 每件事项,必须给党员、户代表留一至三个月的讨论时间。

3. 每件事项在四个月内村委会必须主持召开全体党员、户代表会议进行表决并作出答复。如四个月内没有答复,户代表提出的意见自动生效。

4. 村内大小事都必须通过票决。

5. 参会人数必须达到应到会人数的60%及以上,票决结果以参会人数的60%的意见为准。

芮城县A镇A1村党员+户代表制度:

1. 实行户代表制。村民代表在每户家庭中产生一名,18周岁以上家庭成员均可参与。全村共222名户代表。

2. 户代表会议于每月25日晚7时召开,会议由村委会主任主持。参加会议人员为全体党员、户代表。

(4)村落社区乡贤的地位和作用

从古到今,乡贤群体是乡村社会治理的重要人才力量,在乡村治理过程中发挥着巨大作用。古代该群体被称为乡绅,他们长期生活在乡村,拥有较高的社会地位与政治影响力,声望和知名度也广为人知,最重要的是致力于弘扬当时的时代价值观。① 现代乡贤与古代乡绅最主要的区别是与群众地位平等,既有村里德高望重的老人,也有掌握先进科学文化知识的青年,他们为乡村的发展贡献自己的力量,在乡村的发展中起着重要作用。调研发现,芮城县A镇A1村专门组织了乡贤理事会,促进乡贤群体在乡村治理和公共服务中发挥应有作用,如弘扬优秀传统文化、组织公益活动、协调邻里纠纷等。

但是,调查发现,乡贤群体目前在乡村管理及治理中的作用逐渐降低,主要有两方面原因:一是大批乡村人才流向大城市,乡村逐渐出现空心现象;二是乡

① 张兆成. 论传统乡贤与现代新乡贤的内涵界定与社会功能[J]. 江苏师范大学学报(哲学社会科学版),2016,42(04):154-160.

村经济发展较慢,难以吸引外来乡贤和新一代年轻群体,导致乡贤群体出现断层,乡贤文化逐渐凋敝。

(二)基层外部治理行为现状调查

基层外部治理行为是指基层党组织对国家脱贫攻坚政策的执行及完成情况。对乡村脱贫攻坚政策和乡村公共服务措施在地方的实施情况进行调研,可以发现治理过程中的不足之处,及时调整治理举措,更好地发挥基层党组织的作用。

1. 乡村脱贫攻坚政策在地方的实施

调研发现,山西省的贫困村发生了巨大的改变,不仅全部实现脱贫的目标,而且开拓了乡村发展的新路径,使农民以后的生活得到了切实的保障。

芮城县B镇B1村全村共有758户居民,2105口人。B1村通过产业发展、易地扶贫搬迁、村基础设施建设及平安村创建等多项举措,实现了脱贫摘帽,也为经济社会发展营造了安全、稳定、祥和的社会环境。2018年,B镇B1村被命名为“全县平安创建示范村”和“B镇‘三基建设’示范村”。

(1)建档立卡扶贫政策

精准识别是脱贫扶贫的前提。具体来说,就是合理、有序地到各家各户调查贫困状况,并对贫困人口进行建档立卡,具体包括致贫原因、家庭人口情况、经济状况等。调研发现,各乡镇、村都把“两不愁三保障”作为贫困识别标准。“两不愁三保障”(稳定实现农村贫困人口不愁吃、不愁穿;保障其义务教育、基本医疗和住房安全)是国家在易地搬迁中提出的主要目标。

介休市A乡A1村全村有贫困人口十几个,2019年的任务就是基本上确保全部脱贫。A乡A2村建档立卡5人左右,主要是孤寡人、特困户等。建档立卡对于精准识别扶贫对象有很大的成效,但在具体实施过程中还需要进一步完善和落实，根据实际情况调整识别程序，进一步提高精准识别的质量和动态管理水平。

（2）易地扶贫搬迁政策

易地扶贫搬迁是保障和改善民生的举措之一。[①] 调查发现，易地扶贫搬迁从根本上改变了农村的人居环境，有效地改善了搬迁群众的生产生活条件，拓宽了贫困人口增收致富的渠道。兴县 A 乡 A1 村集中安置建档立卡的贫困人口，人均建房补助 2.5 万元，需要同步搬迁的农户，人均建房补贴 1.5 万元。[②] 同时，按照有关政策予以贷款扶持。根据扶贫办推进“两不愁三保障”工作安排，芮城县帮扶工作队召开了全体贫困户会议，传达了易地扶贫搬迁相关政策，由符合条件并愿意搬迁的贫困户写申请书，并签订相关协议。芮城县 B 镇 B1 村共核实计划搬迁户 20 户。其中，五保户集中供养 7 户，安置 12 户，县城移民点安置 1 户。

对于其他地区，易地扶贫搬迁还面临着许多问题和困境，如搬迁对象的精准界限以及危险房屋的评定办法。介休市 A 乡 A2 村的村民表示他们有专门划分的危房改造区，有一些贫困户申请要易地搬迁和危房改造，但由于没有被划分到该区域，审核便不会通过。因此，还需加强政府的监督和管理，健全组织机构，合理进行乡镇、村撤并，修缮加固现有的闲置公房，健全易地搬迁档案，统筹规划安置住房，进一步提高易地扶贫搬迁的工作效率，解决贫困群体基本住房安全问题。

（3）乡村生态补偿政策

人类要顺应自然，使人与自然和谐相处、协调发展。同时，应最大限度地保护生态环境，推动生态环境良性有序地循环。近些年我国推行了绿色生态发展

---

① 刘进龙. 乡村振兴视域下基层党组织建设问题研究[J]. 青岛农业大学学报（社会科学版），2019，31（01）：56－60.

② 王飞航. 山西今年将易地搬迁扶贫 12.5 万人[EB/OL].（2016－06－16）[2021－04－18]. http://www.rmzxb.com.cn/c/2016－06－16/871508.shtml，2016－06－16.

的措施,如“退耕还林”“天然林保护工程”“湿地保护”等生态补偿措施。从2014年以来,我国退耕还林还草近8000万亩(8000万亩约合533万公顷),取得了巨大的成效。山西省积极响应国家号召,通过乡村生态补偿政策,既达到生态保护的目的,办实现了脱贫目标。兴县A乡A1村退耕还林1996亩(约合133公顷),获得政策性退耕补助1500元/亩,成立两个种养殖、造林专业合作社,吸收贫困户参与造林,增加劳务收入。兴县C镇C3村退耕还林351.9亩(约合23.5公顷)。2017每亩补贴500元,合计175 950元。2018年每亩补贴150元,合计52 785元。2018年计划退耕还林面积232亩(约合15.5公顷)。C1村2017年度实施退耕还林面积471.6亩(约合31.4公顷),涉及C1村61户168人。

总的来说,生态恢复与地方的社会、经济、资源以及环境都密切相关,因此要重视生态恢复保护补偿机制的完善,扩宽乡村生态补偿资金渠道,即在中央和地方政府的资助下,吸引社会人士对生态的投资,从而为乡村重建生态平衡提供经济支持,推进退耕还林奖补政策。

(4)乡村交通扶贫政策

交通的便利与否关系到人民生活的方方面面,便利的交通能拓宽人民的经济收益渠道。为打赢脱贫攻坚战,2016年,交通运输部发布《“十三五”交通扶贫规划》,旨在进一步加强贫困地区交通基础设施建设。①

介休市A乡A1村位于介休市西北,距离县城2到3公里,有免费公交,北临108国道,西临西外环,经天路贯穿全村,交通、区域优势非常明显。兴县A乡A1村距县城40公里,有直通公交,交通相对便利。兴县B镇B1村通村公路实现硬化,并拓宽路面,扩大乡村客运覆盖范围,已开通客运班车。还有部分地区加强国家高速公路网连接贫困地区项目建设,改造建设乡村旅游路线,改善

① 本刊编辑部.中共中央国务院关于打赢脱贫攻坚战三年行动的指导意见[J].当代农村财经,2018(10):35-45.

旅游景点交通设施。

2. 乡村公共服务提升措施

(1)加强基础设施建设

基础设施建设是乡村建设的重要保障,对于提高乡村经济发展水平以及农民的幸福感具有十分重要的作用。以基础设施助力乡村振兴,主要包括对水电、道路、网络、基础场所以及交通基础设施的完善等。调查发现,山西省各乡镇、村在基础设施建设方面比往年有了明显改善。

兴县A乡A1村2019年成为兴县“美丽乡村建设”四个试点之一:全村通上下水;照明设施、网线等全部铺设在地下,实现空中无明线;村里主街道改为柏油马路,统一街面房;小道全部铺设水泥路。C镇C2村村委会投入大量资金改善其基础设施,目前该村进户道路为水泥路,交通较为便利;已通自来水、通动力电,且水电均由煤矿无偿供村民使用;移动、联通、电信手机信号通畅,并已开通移动4G网络;互联网光纤接入到户;文化活动广场设施齐备。芮城县B镇B1村党委坚持以人为本,积极争取项目资金,不断完善B1村基础设施,2018年底已硬化道路2.55公里,栽种国槐树100棵,安装太阳能路灯20盏。

除此之外,互联网对生产、生活的影响越来越大,统筹推进网络覆盖和乡村电商,不但有利于满足广大村民日益增长的文化娱乐需求,还能使乡村基层管理实现电子化,如临汾市蒲县D镇D1村创办了手机微信平台“黎掌汇”,村里的大事小情在“黎掌汇”上都会第一时间图文并茂“新鲜出炉”,精心制作的“美篇”里,有赞扬、有说理,既教育影响着村民,又在很大程度上凝聚了民心。

(2)完善养老、托幼服务

随着城镇化和经济科技发展的不断加快,中国人口老龄化日益严峻,由于年轻人外出打工,乡村“一老一小”的问题即养老、托幼服务应该引起社会的广泛关注。只有政府加大扶持力度,发挥社会各界力量,才能确保老人和孩子的生活质量,年轻人才可以放心工作。

据调查,介休市A乡A1村有一个小的养老院,兴县A乡A1村没有养老院。市县政府会帮助贫困老人代缴养老保险,同时,对留守儿童也会定期探访和慰问,给予留守儿童足够的关怀。芮城县A镇A1村党支部、村委会坚持以人民为中心的理念,让村民共享改革成果,有更多的获得感、幸福感、安全感。2020年,村集体经济收益提高,节日福利增长到人均1000元以上,并为老人发放慰问品和生活用品,组织村民到运城体检,外出旅游。2020年,村委会开始实行为70多岁老人祝寿送福;每年为16岁以上村民每人缴纳500元的养老保险金;组织30~65岁村民体检;为没有分土地的孩子每年发放500元补助。另外,A1村的妇女联合会(以下简称妇联会)也明确规定,妇联会要协调有关部门开展工作,为儿童健康成长创造良好的社会环境,并组织开展志愿者服务等。如A1村巾帼志愿者服务队,会定期开展上门服务活动。

(3)提升文化教育服务

中共中央、国务院发布了《乡村振兴战略规划(2018—2022年)》,提出继续把国家社会事业的发展重点放在乡村,促进公共教育、医疗卫生等公共服务向乡村倾斜的政策,进一步推进城乡一体化建设,缩小城乡差距。

2015年,习近平在《给"国培计划(二〇一四)"北师大贵州研修班参训教师的回信》中说:"扶贫先扶智。让贫困地区的孩子们接受良好教育,是扶贫开发的重要任务,也是阻断贫困代际传递的重要途径。"①据调查,各乡镇、村基本落实教育资助政策,根据山西省财政厅、教育厅印发的《学前教育建设与资助资金管理办法》文件精神,对家庭经济困难的幼儿、孤儿和残疾儿童进行资助。相关部门还设立了教育扶贫基金,为贫困学生提供必要而稳定的经济保障,确保贫困家庭的孩子不因贫失学辍学。

调研结果显示,大多数家长会选择让孩子去城里读书,加重了家庭的教育

① 习近平给"国培计划(二〇一四)"北师大贵州研修班参训教师回信[N].人民日报,2015-09-10(01).

负担。因此，需要改善乡村学校基础设施建设，如增加多媒体设备、进行危房改造等，进一步实现乡村义务教育薄弱学校优质均衡发展，加快推进信息技术与教育教学深度融合。[①] 同时，乡村教师流失和短缺严重，需要政府部门制定科学有效的乡村教师待遇及聘用制度，同时注重提升乡村教师的社会地位，吸引更多优秀教师扎根乡村教育事业。

(4)贯彻各种医疗保障政策

据调查，山西省对乡村贫困人口实施“三保险、三救助”的健康扶贫政策，建档立卡贫困人口省内住院费用实际报销比例不低于90%。兴县A乡A1村为建档立卡贫困户缴纳大病和意外保险。在新农合方面，贫困人口每人2016年享受105元、2017年享受105元、2018年享受180元、2019年享受220元新农合缴费减免。介休市A乡A2村一二级残疾人、双女户、独女户都有医疗补助。另外，各地区都加快推进县、乡、村三级卫生服务标准化建设，加强乡镇卫生院和村卫生室能力提升，关注弱势群体健康状况，并组织医护人员下乡普及健康知识，引导村民合理正确地关注自己的身体状况。

医疗方面的另一关注对象是妇女，长期以来，乡村妇女缺乏对自身健康的关注，两癌严重威胁妇女的身体健康。因此，相关部门应积极推广两癌筛查，让乡村妇女对两癌能做到早发现、早预防、早治疗。

(三)改善乡村基层政治生态的治理举措

为增强乡村基层党组织政治功能，应始终贯彻党的十九大精神和习近平新时代中国特色社会主义思想，力争把乡村党组织建设成为宣传党的主张、贯彻党的决定、团结动员群众、推动改革发展的坚强战斗堡垒。

① 本刊编辑部. 中共中央国务院关于打赢脱贫攻坚战三年行动的指导意见[J]. 当代农村财经,2018(10):35－45.

1.加强基层党组织的领导核心作用

(1)发挥基层党组织的思想引领作用

为了推进乡村善治,必须要不断提升党的政治思想领导力,加强对村民的思想教育工作,确保党的先进思想深入贯彻。首先,提升基层党组织自身的能力素质。基层组织要积极参加县市组织的学习活动,及时关注国家政策动向,把握国家政策方针,善于将国家政策方针结合所在乡村的实际情况落实下去。其次,村党组织要加强与党员干部、村民的沟通,及时了解他们的思想状况,做到知村情、解民忧。兴县C镇C3村的村支两委干部以入户调研、召开座谈会等形式了解民情,做到对全村村民生产、生活、村组织建设等相关问题深入调查,并结合民众的意见及建议,提出相应解决策略。最后,村党组织应大力组织村民学习党的先进思想,大力弘扬党的主张,通过宣传党组织和优秀党员的先进事迹,弘扬真善美和科学文化知识,增强群众的政治认同感,潜移默化地提高群众的思想觉悟。

(2)发挥基层党组织的组织保障作用

在乡村治理中,基层党组织应充分发挥组织保障作用。首先,要科学布置各村级组织活动场所,更新党员活动室版面,展示乡村"领头雁"业绩。其次,严格规范"三会一课"制度。把每次的党组织会议落到实处,不论是开会的内容还是频率,都要严格按照规定进行。同时,严格落实发展党员程序,每季度至少研究一次发展党员工作,加大在青年农民、外出务工人员、妇女中发展党员的力度,并重视培养乡村的入党积极分子,每年培养积极分子不少于2名。[①] 第三,不断提升村支两委班子能力素质。积极配合县委组织部,搞好对乡村党支部书

① 高其才.村党组织在乡村治理中的领导地位和核心作用探析:以《中国共产党农村基层组织工作条例》为分析对象[J].上海政法学院学报(法治论丛),2019,34(05):101-108.

记、副书记及村委主任的培训，认清岗位职责，坚守干事创业志向，全面提升村支两委干部政治思想觉悟和带头致富能力。

(3)发挥基层党组织的带动作用

乡村党组织要协调好乡镇所属和行政村范围内多方面的组织关系，调动全民的积极性、创造性，协调一致地为实现新时期乡村发展的目标而共同奋斗。首先，村里所有干部必须以身作则，起到模范带头作用。有关本村发展的政治、经济等方面的决策都需要党支部拿主意。其次，村党支部要抓住民心，了解村民目前最需要什么，从村民的需求出发，激发村民的内生动力，在村里形成实干风尚。最后，注重乡村便民网络建设，创新“互联网+党建”“互联网+扶贫”等新模式的发展，通过互联网带来的便利，提高基层干部了解村里基本情况以及为村民办事情的效率，进一步提升村民的凝聚力，为提升乡村治理能力奠定良好的基础。

2. 推动基层组织民主和法治建设

首先，提高农民法律素养。法治是实现乡村生态治理的重要保障。想要做好乡村基层民主政治建设，就要完善相关的法律制度，抓好农民的普法教育工作，提高农民法律素养，引导其依法办事，学会用法律的武器维护自己的正当权益。其次，注重乡村治理主体多元化。必须扩大基层民主的范围，充分给群众以自治权。同时，高度重视乡贤在乡村社会治理中的地位，最大限度地发挥乡贤群体优势，凝聚其才能和力量，吸引更多的社会力量共同参与，为乡村民主建设与发展奠定良好的基础。

3. 同步推进乡村“硬环境”和“软环境”建设

物质文明和精神文明就好比是一个乡村的“两翼”，二者缺一不可，必须协调发展，同步推进。首先，必须加快改善乡村水、电、路、网、房等基础设施建设，包括推进乡村街道的硬化、垃圾中转站的改造、改厕改水、天然气入户等项目的建设，加快补齐贫困乡村的硬件短板，为乡村居民创建一个安全健康的生活环境。此外，大力发展现代农业，加快乡村信息化网络的普及，推动一二三产业的融合，为乡村贫困人口带来脱贫致富的新机遇。同时，软环境是一个地区文明进步的综合表现，是乡村发展的内在动力。一个乡村是否文明，并不是村民是否吃得饱、穿得暖，而是他们是否拥有获得感和幸福感。因此，村支部应积极开展文艺下乡活动、道德模范评选活动等，注重文化传承和家风的培育，形成遵纪守法、崇德向善的文明村风和民风，推进美丽乡村建设。

六、乡村可持续产业生态

农业是国民经济的基础。农业产业化发展是加速农业现代化的有效途径，应该坚持以市场为导向，科学分析当地的特色资源与环境优势，一方面抓传统产业改造提升，因地制宜地发展乡村特色农业，建构农产品加工产业链；另一方面抓战略性新兴产业培育，在贫困地区积极推进光伏产业、乡村旅游业、电子商务等，精准扶持并带动农村劳动力转移和创新产业发展，实现贫困地区多渠道发展经济，提高贫困人口增收能力，进而实现乡村可持续产业的生态平衡。

调查发现，兴县 A 乡 A1 村依托全县总体脱贫规划和布局，结合 A1 村实际情况，以产业扶贫、生态扶贫、金融扶贫等模式为抓手，改善居住条件，落实惠民政策，增加劳务输出，从根本上调整产业结构，多渠道增加收入，实现稳定脱贫致富。

（一）乡村特色农业发展概况

特色农业是一种开发区域内独特的农业资源，以特有的自然地理环境和传统的种植、养殖或加工方式，体现该农产品的独特之处的现代农业发展形式。

发展特色农业有利于提高我国农业的国际竞争力,增加农民收入,改善农民的生活条件。但是,调研结果显示,山西省部分乡村特色农业发展普遍存在种植规模不大、基础设施落后且销售渠道匮乏、特色产品同质化明显等情况,一定程度上阻碍了特色农业的发展。

1. 特色农业种植规模不大

由于之前乡村大部分劳动力选择外出务工,导致大部分土地几乎处于荒废状态,很少有人精心耕作,使得土地变得贫瘠,种植条件很差。同时,青壮年的大量外流也使得乡村种植业缺少人手。调研结果显示,85. 16% 的人认为种地的收入不能维持全家所有的开销。兴县 C 镇 C2 村全村耕地面积 1762 亩(约合 117 公顷),且多为山地,平整地块较少,严重影响种植规模及农作物收成。特色农作物主要是杂粮、薯类等。兴县 A 乡 A1 村的特色农业主要包括杂粮、薯类和中草药。当地政府依据精准扶贫实施方案中的相关规定,并结合当地实际情况,对种植杂粮、薯类和中草药的农户,给予相应的补贴。

2. 基础设施落后且销售渠道不畅

农业基础设施,既包括农作物种植所需的农业机械,也包括农作物销售所需的网络营销基础设施。农业机械是现代农业发展的重要条件之一,农业机械的现代化是产业兴旺的重要基础,是生活富裕的重要保障。除了优良的农业机械外,乡村还需要良好的网络营销基础设施和懂得网络营销的人才。但是,调查发现部分农村基础设施落后,且网络销售存在种种阻碍。在农业机械方面,有些地区种植的农作物还是全凭人力收获,农业机械利用率极低;有些地区缺乏水井,干旱时也无能为力。此外,受地理位置、经济发展水平、受教育程度等因素的限制,农民很难真正把握市场发展规律及动向,使农产品销售受阻。除了农业机械产业发展滞后以及农业机械化水平发展不平衡不充分之外,农业机械利用率低的主要原因还是农民缺乏资金。每年农作物带来的收入比较微薄,刨除全家人的开支之后,所剩无几,再难支付机器作业的费用。

3. 特色产品同质化明显

山西省的特色农业主要包括杂粮业、果业、中药材业、蔬菜业、畜牧业等。例如,芮城县 B 镇 B1 村的经济作物以苹果、药材、核桃和花椒为主;粮食作物有小麦、玉米等。兴县 C 镇 C2 村的经济作物以杂粮、薯类为主。

调研发现,山西省大部分乡村都是以种植小麦、玉米、薯类等农作物为发展的基础,大部分乡村农业都缺乏自己的特色,即便有一些特色农业,也同质化明显,使得特色农产品不再独特。除此之外,在发展乡村旅游业方面,也出现乡村旅游项目雷同的现象,项目缺乏新颖性,这不仅不利于当地经济发展,还会造成乡村特色产业市场混乱,形成不良竞争。

(二)农产品加工产业链建构概况

农产品加工企业的数量和规模直接影响乡村经济发展。调研结果显示,由于条件限制,很多企业在乡村难以开办。有些在乡村开办的企业也面临许多困难,例如,农业生产基础设施不完善、产业链发展受阻以及缺乏人才等。

1. 农业生产基础设施有待完善

有的农村供水供电供气条件较差,且网络通信不发达,虽然道路条件得到改善,但仓储物流设施仍然落后。[①] 基础设施的限制导致乡村一二三产业融合发展受到严重阻碍。此外,部分农产品不易保存,对物流要求很高,但乡村普遍缺乏完整的物流体系,这对农产品销售造成一定的影响。同时,农业生产模式

① 旷爱萍,李延. 乡村振兴战略下农村一二三产业融合发展研究[J]. 当代农村财经,2019(07):2-4.

单一，使得企业缺乏机会去创造更多的价值，未来发展的道路也因此变得更狭窄。

2. 农业产业化发展缓慢

调研结果显示，部分地区建设标准化农业生产示范基地，促进了农业产业化的发展。杂粮种植是兴县C镇C2村传统的种植项目，品质优良但产量较小。近年来外出务工人员较多，村里闲置土地越来越多，因此村支两委经过与村民协商，将外出务工农民家里闲置的土地承包给尚有耕作意愿的贫困户，既能提高农作物的产量又可增加贫困户收入。同时发展林下经济，引进中药材种植项目，提高土地利用率，增加贫困户经济收入。村委会还从县农业部门引进了蘑菇种植技术和设施，小规模在村里试种，效益良好，便向全村发展推广。

运城市芮城县B镇B1村坚持因地制宜，因户施策，主要围绕花椒、中药材种植和肉牛养殖开展对户帮扶。

调研结果显示，调研村庄现阶段的农产品加工还是以初加工为基础，即便有产业链，大部分尚未做到深度整合。这与乡村基础设施条件差有很大关系，比如路还是泥土路，饮用水还是井水，村里没有路灯等，导致大多数企业都没办法在村里开办，使得一二三产业融合程度较差，农业产业化发展缓慢。

3. 人才缺乏及科研水平较低

科学技术及人才在产业链建构方面起着至关重要的作用。调研结果显示，农民认为乡村经济发展滞后的原因主要有两个，一是劳动力短缺，年轻人大多进城打工；二是缺乏人才。国家提出乡村振兴战略以来，不少乡村得到企业的支持与帮助。但是，很多村民仍然渴望去大城市发展，并且愿意到贫困地区支援发展的企业也不多。另外，人才的缺失也使得先进的科技难以进入乡村，农民无法了解和运用现代化农业科学技术，很难做到根据乡村的实际情况，因地制宜地发挥乡村的最大价值。

(三)新兴产业发展概况

随着科技的发展和新兴技术的诞生,新兴产业逐渐出现在人们的生活中,并为社会的发展带来新的动力,同时可以增强国家的综合国力。新兴产业在乡村扶贫脱贫方面也起到巨大的作用。目前山西省乡村的新兴产业主要包括光伏产业、乡村旅游业、电子商务、快递物流等,新兴产业的发展为山西省打赢脱贫攻坚战起到了一定的促进作用。

1. 光伏产业

光伏发电是利用半导体界面的光生伏特效应而将光能直接转化为电能的一种技术[①],包括三类技术:独立光伏发电、并网光伏发电和分布式发电。2016年6月3日,山西省运城市芮城县成功申报光伏领跑技术基地。[②] 据了解,项目分两期建设完成,总投资88亿元,但光伏基地的建设让芮城县财政收入每年增加1.5亿元,也为沿山农民增加年收入2600余万元。

兴县A乡A1村建设的光伏发电站,预计每年每户可分红600元。临汾市蒲县D镇D1村村级光伏电站并网运行后,在产业多元发展的有力带动下,D1村的贫困发生率降到了2%以下,顺利实现了整村脱贫摘帽。

光伏产业惠及群众,增加了集体收益,但仍存在的一些问题应引起广泛关注。

第一,项目资金缺口较大。光伏工程属于需要耗费巨资的项目,资金主要来源于政府的资助,然而政府资金毕竟有限,单单依靠政府的资助很难将光伏

① 林宇. 光伏发电接入变电站站用电的设计方案研究与分析[J]. 黑龙江科技信息,2016(22):107.

② 王荔. 运城以高水平开放促进高质量发展[N]. 山西日报,2016-09-24(001).

工程做大做强。为此,政府采用吸纳企业融资的方法。但是,光伏扶贫工程不能作为营利项目运营,导致大部分企业都没有能力投资,只有大规模企业才可能投资。同时,项目运营期间也会遇到一系列问题,如电网阻塞、补贴不及时等,会导致后续项目融资减少,严重阻碍项目推广和发展。

第二,项目监督管理困难。光伏发电作为高新技术,其技术的研发以及后续的管理都需要专业人才。政府在开发光伏产业时,应邀请专业人士对相应贫困地区进行调查与评估。然而,一些地区并没有做好监管工作,使得部分资金被浪费,没有发挥其真正的作用,也严重破坏了光伏项目的进行。此外,相关设施的后续维护工作也非常重要。但是,一些乡镇要么没有专门维修相关设施的部门,要么缺乏高技术专业维修人员,导致光伏项目因后期维修问题而使效益大打折扣。

第三,资源未得到充分利用。光伏项目需要一大片空地才可以实施。虽然发展光伏项目可为村庄带来经济效益,但这也相应地造成了部分土地资源的浪费。因此,在发展光伏项目时,可以和其他的农业种植项目相结合,以达到土地资源的充分利用。

2. 乡村旅游

旅游产业具有高度的融合性和带动性,能够很好地宣传乡村,为乡村经济发展作贡献。山西省运城市芮城县就是发展乡村旅游的典型案例。芮城县通过新媒体等宣传渠道,将当地的圣天湖打造成“美丽快乐行走进芮城”的主场地。同时,举办了永乐宫国际书画艺术节、中华国粹艺术节、“全能王”全国钓鱼锦标赛山西省芮城选拔赛等活动,进一步扩大了芮城旅游品牌的知名度,拓展了芮城旅游的客源市场。[①] 同时,芮城县不断完善“旅游 + 体育”“旅游 + 文化”等模式,有效地丰富了全域旅游的内涵和外延。芮城县建设了永乐宫、大禹渡、

---

① 李艳妮. 山西南大门盛情迎宾朋[N]. 发展导报,2017 - 12 - 08(012).

圣天湖3个4A级景区和印象风陵3A级景区,2018年全县实现旅游总收入50亿元,同比增长29%。

尽管乡村旅游业的快速发展促进了当地经济发展,但还存在以下几个问题。

第一,产业发展基础薄弱及贫困群众动力不足。调查发现,大部分乡村还存在道路未硬化、没有路灯、缺乏整体规划建设等现象,这些无疑都对发展乡村旅游造成巨大的障碍。同时,发展乡村旅游,最主要的还是要靠当地群众的参与,但目前普遍存在群众参与度低下、动力不足的现象。原因有以下几个方面:一是由于多数农民受教育程度底,缺乏旅游相关的知识,再加上有些农民普通话不太标准,很难在乡村旅游业的核心岗位就职,大部分村民都是做服务员、保洁员等工资较低的工作。二是一些农户依靠出租房屋的形式参与乡村旅游的发展,参与度远远不够。

第二,资金及人才短缺。充足的资金是开发项目的前提,乡村旅游业前期建设的资金基本上来源于政府的支持。据调查,之前许多乡村地区由于缺乏专业人员保护传统的文化设施,使得可以作为旅游景点的区域遭到破坏。因此,政府的资金基本上都用于前期的基础建设和景点维修上,而后续旅游业发展及项目的开发仅依靠政府的资助还不够,还需要来自企业的融资。然而,现在普遍存在企业对乡村旅游业并不看好的情况,导致后续的资金来源成为一个难题。人才短缺,大部分原因还是由于乡村的工作环境、岗位待遇及发展前途很难吸引人才扎根乡村。

第三,旅游开发模式单一。旅游项目的开发必须因人制宜、因地制宜,制订具有针对性的旅游产品开发方案。但是,现在的乡村旅游项目出现千篇一律的不良倾向,比如很常见的住农家院、吃农家饭等,这些模式已经很难满足游客日益增长的品质化需求,导致游客数量大大缩减,影响乡村经济的发展。

3. 电子商务

乡村电子商务主要包括乡村特色产品及加工产品的网络销售与物流运营等。电子商务的运营将进一步提高乡村经济的效率及农民的生活水平。但就目前山西省农村的发展现状而言,电子商务能在乡村很好地开展还需要一定的时间。

第一,基础设施不完善,比如信息技术和网络平台不够发达。在乡村地区发展电子商务,建设网络是基础条件。现在部分乡村家庭没有电脑,也未通互联网,有的农民甚至根本不会使用电脑,也不懂如何在网上进行交易买卖、传送信息。此外,有些乡村地区可能存在信号差的现象,这会导致断网、网速慢等情况,而且联网费用较高,有的村民承担不起。即使安装了网络,但有的农民仍缺乏电脑知识,如果遇到电脑技术问题,他们也是束手无策,并且乡村一般网络维修点较少,这更加剧了他们使用网络的不便。

第二,农户电商观念落后。由于乡村地区信息相对闭塞,很多人连最知名的电商平台都不知道,有些人可能听过在网上买东西,但他们还是有些抵触,认为网络上被骗的概率很大,比如买回的衣服质量不好、存在色差等。这导致很多人不相信网络平台,更不愿意将自己的产品放到平台上销售,认为网上很难卖出农产品。同时,对于网络上的金钱交易,大部分村民也持怀疑态度。他们认为网上交易看不到真实的现金,不知道别人是否把钱转给自己,也不确定支付平台上的钱是否真实存在。农户电商观念的落后,使得乡村的电子商务发展受到影响。

第三,人才缺乏。要在乡村发展电子商务,需要依靠专业的电商人才及管理人才。在乡村发展好电子商务需要注意两个方面——商品的质量和营销宣传手段,其中营销宣传是重中之重。然而,目前乡村缺乏电商领军企业,也很难吸纳专业人士的加入,这就需要政府在政策上给予支持和帮助。

第四,快递配送体系不完善。因为乡村地区人员居住分散,交通设施不完善，家庭住址信息不够详细，造成配送成本过高、配送体系不完善等问题。同时，现在取快递多是凭借短信、电话等接收通知，但是由于有的乡村大部分是老人及儿童，他们较难做到及时接收取件信息。因此，需要完善村里的快递配送体系，做到村里每家每户都能便利取件。

第五，快递进出比例失衡。互联网的普遍使用有效开发了农产品的销售渠道以及农民购物的途径。但是，调查中发现乡村地区明显存在着快递“进多出少”的问题。农民大多利用网络购物，而利用网络出售农产品的却很少。

（四）乡村劳动力转移及产业发展现状

劳动力转移和创新产业发展模式是乡村脱贫攻坚的有力手段。乡村的大量劳动力由于缺乏相应的技术，导致就业范围受限。因此相关职业培训是加快乡村劳动力转移的前提，同时除了发展以政府为主导的扶贫产业之外，应大力鼓励一批农村产业带头人充分发挥多元主体帮助农村脱贫致富的作用。

兴县C镇利用厂矿企业较多、用人需要较大的优势，由村集体出面与附近的厂矿企业积极沟通，同时考虑到贫困户致贫原因，为有劳动能力的贫困户联系劳动强度较低的中、短期就业岗位，让他们就近务工，减少外出务工不必要的支出与成本，提高净收入。发展村集体经济，既要解决村集体的收入问题，又要带动部分贫困户创收增收，共同富裕，还要有一定的可持续发展性，且适合本村的风土人情，所以选择项目必须非常慎重，既要保证国家扶贫资金的安全有效利用，又要使村集体和村民真正享受到扶贫攻坚带来的红利。兴县C镇参加护工培训的有32人，免费参加驾驶员培训的有36人。A乡A1村安排公益性岗位5个，还成立了两个种养殖、造林专业合作社，吸收贫困户参与造林，增加劳务收入。

（五）实现乡村产业生态优化的建议和举措

“三农”问题是关系国计民生的根本性问题。目前，乡村发展依然相对滞后，城乡差异较大，因此必须要加大政府和社会力量的扶持力度，构建现代农业产业体系，推动一二三产业融合发展，激发乡村创新创业活力，坚持质量兴农、绿色兴农，不断提高农业综合效益和竞争力，进而促进乡村振兴。

1. 基于乡村自然资源发展特色产业

（1）发展乡村特色产业的基础性规划

以发展乡村特色产业为途径，合理规划乡村特色产业链的建设。首先，应该因地制宜，切合实际，发挥地域优势，大力种植发展本地特色产品。例如，运城市芮城县B镇B1村在经过考察后，初步敲定B1村围绕“花椒+中药材”两项特色产业引领产业发展新路子。其次，积极引入资金、技术、人才等，建设一批乡村特色产业园。如B1村开展生猪养殖项目，通过专业人士的指导，完成可容纳2000头猪的养殖棚建设工作，并获得174余万元（扶贫资金100万元）投资，每年可为村集体经济增收14.5万元。最后，政府应注重立法和监督，使农民严格遵守农产品质量安全法律法规，确保农产品生产合法合规。

（2）拓宽打造乡村特色产业知名品牌的渠道

建设乡村特色产业品牌能够大力提升特色产业的竞争优势和知名度。首先，当地政府可以建立特色展示交易区，使每个乡村都有机会展示自己的农产品，提高乡村特色产业的知名度，如忻州市五台山设立杂粮特色展示交易区。其次，把握“互联网+”时代的宣传时机。例如，芮城县通过微信、微博等多媒体渠道，宣传本县的旅游文化。同时，我国每年会举办国际现代农业博览会，农户应把握好机会，参加国际农产品博览会，扩大本村特色农产品在世界各地的知名度和影响力。只有把农产品销售出去，让更多的人了解乡村特色，才能真正提高乡村经济水平。最后,要响应质量兴农、绿色兴农、品牌强农的号召,推广绿色农业生产模式,建设绿色粮仓、绿色果园、绿色菜园、绿色牧场等,推动乡村特色产业向品质化、标准化、有机化的方向发展。①

2. 以乡村生态旅游打造乡村产业平台

(1)坚持保护和恢复自然环境优先原则

开发乡村生态旅游产业时应秉持“绿水青山就是金山银山”发展理论,坚持“先保护、后开发”的原则。首先,对乡村环境进行严格评估,确保开发的产业在环境的承受范围之内,在生态恢复的弹性空间之内。其次,在开发产业时应考虑当地的整体地形。山西省以山地、丘陵为主,因此在开发产业时,应坚持保护和恢复自然环境优先原则的基础上,同时对原有的荒地、山地、林地进行修整保护,最大限度地保留乡村原有风貌系统,把乡村打造成宜游宜业的家园。

(2)合理开发当地乡村文化资源

山西省是中华文明的发源地之一,境内名胜古迹众多。截至 2019 年 1 月,住建部和国家文物局联合先后公布了中国历史文化名镇名村,山西省共有 7 个镇、64 个村上榜。② 加快发展乡村生态旅游业,实际上是对乡村农业的生态价值、休闲价值、文化价值等的充分挖掘,进而拓展了农业的内涵和外延。首先,强调因地制宜,充分挖掘当地的资源和乡村优质自然环境优势,传承本土民俗风情、地域因素等文化元素,开发地面文物,并结合当地的文化资源特色,打造人文特色景观来吸引游客。③ 其次,将特色文化与自然生态结合作为特色旅游景点,充分打造“旅游 + 文化”的乡村生态文化发展模式,发挥其生态品牌效应,

---

① 王会欣. 加快发展乡村特色产业[N]. 河北日报,2019 - 06 - 05(007).

② 城乡建设部. 国家文物局关于公布第七批中国历史文化名镇名村的通知[EB/OL]. (2019 - 03 - 05)[2021 - 05 - 20]. http://www.mohurd.gov.cn/wjfb/201901/t20190130_239368.html.

③ 杨华丽,严曦. 生态型乡村旅游产业发展策略研究[J]. 城市建筑,2018(11):83 - 84.

如生态果林景观、休闲生态景观等。

（3）构建乡村生态旅游休闲度假区

构建乡村生态旅游度假区是开发乡村生态旅游的另一途径，也是带动村民实现生态型就业的主要途径。首先，乡村生态旅游度假区的开发应因地制宜，开发独具特色的旅游景点。其次，开发“旅游＋特色农业”项目，如采摘、种植体验等，以旅游为基点打造特色农产品，形成乡村特有品牌，构建多层次的产业体系。最后，构建乡村生态旅游度假区的同时应注重对环境的保护，地方政府应制定相关办法，减少和避免开发旅游度假区对乡土环境的破坏。

3. 以现代化产业体系推动农业绿色发展

（1）建设现代农业产业示范区

各地政府应善于结合当地优势资源及农业特色，组织建设现代化农业产业示范园。特色示范园区既能提高特色农业的影响力，为农民提供学习场所，也可以将成功的种植技术推广到其他地区，不仅能够提高当地的农业发展水平和农民经济收入，也可以为全国农业的发展贡献自己的力量。另外，加快培育龙头企业，一是鼓励龙头企业参与农村合作社项目；二是重点引导龙头企业发展农产品的加工及销售技术，实现农产品的精深加工并建立健全物流体系；三是加大对种养大户、合作社的技术骨干的培训力度，使他们掌握技术要领，提高科学种植水平。①

（2）推进农业机械化

山西省人民政府高度重视农业机械化发展，发布相关政策，力争2020年综

① 董峻. 农业部加快培育新型农业经营主体[EB/OL].（2018－02－17）[2021－03－18]. http://www.gov.cn/xinwen/2018－02/17/content_5267316.htm.

合机械化率达到72%,2025年达到77%。[①] 为了实现上述目标,其一,要适应本省实情和农民需要,研发制造出先进、适用、高效的农机装备,并且要适应绿色农业发展,推进新能源农机装备的创新发展。其二,支持省内中小型农机企业向“专、精、特、新”的方向发展,同时鼓励和吸引国内先进农机企业在省内投资建厂,不断增加省内先进农机的数量。其三,创建一批实现农作物生产全程机械化的综合示范县,加快新机器和新技术的示范和推广。其四,政府要制定优惠的农机补贴政策,解决农民因农机贵而买不起的现象,逐步实现省内农作物生产机械化的目标。

(3)推进乡村产业链建设

推进乡村产业链建设,是提升乡村产业核心竞争力的现实需要。目前,山西省省内产业体系不完善,产业链发展不健全,导致产业整体层次不高、产业收益低下等问题。着力优化主导产业链条,就要深入实施“农业+”示范工程,拓展农业产业链,推动产业融合发展,建设现代农业产业园,打造集生产、加工、流通、销售于一身的全产业链,包括原料生产基地,以及后续的初加工技术,如烘干、包装、储存等。除此之外,应加强农产品市场、冷链物流的建设。同时,加快发展休闲农业、乡村旅游、农业生产性服务业,推动乡村一二三产业的融合发展,带动农民就近、就地就业增收。

(4)大力推进农业产业化经营

第一,坚持“以农民为主体、让农民共同致富”的理念,探索实施“公司+项目+村民入股”的综合性发展模式。鼓励新型农业经营主体通过土地流转、土地入股等形式,发展适度规模的经营。调查显示,小杂粮种植是兴县C镇C2村传统的种植项目,品质优良但产量较小。村里有较多土地闲置,村委就决定将

---

① 山西省人民政府.关于加快推进农业机械化和农机装备产业转型升级的实施意见[EB/OL].(2020-02-27)[2021-03-18].http://www.linfen.gov.cn/nongji/contents/3125/513384.html,2020-02-27.

土地承包出去，增加了小杂粮的种植面积，提高产量，促进乡村经济发展。运城市芮城县B镇B1村采取“公司+花椒+贫困户”的措施，帮助贫困户掌握种植花椒的技术，使贫困户获得摆脱贫困的一技之长。第二，发展新型农村集体经济。乡镇、村干部应积极创办农民合作社，把农村合作社的优点宣传到位，吸引农民入股，以此发展壮大村集体经济，如芮城县C镇C2村的集体光伏项目、C3村的集体养猪项目等。第三，加快发展电子商务、网络物流等现代流通方式。随着网络和科技的不断进步，还应积极发展电子商务，注重把新技术、新模式引入到农业中来，促进农业产业经营组织方式的变革，提升市场竞争力。

4. 加大人才和科技支持力度

人才和科技对乡村产业提高创新力、竞争力，以及推动农业产业增产提质起到了重要的积极作用。政府可以通过打造并宣传乡村特色或倡导回归乡土等观念，推动和吸引人才回乡。同时，对扎根乡村的专家及青年知识分子给予相应保障。另外，国家应制定相应政策提升农业科技创新水平，引进先进的技术和方法、优化农机设备等。同时，地方政府在农机利用方面也应给予农民一定的补贴，减轻农民种植压力，使农民真正把种田作为一份快乐的职业。

5. 激发乡村创新创业活力，促进乡村振兴

（1）提高农民参与程度

农民是乡村振兴的主体，实施乡村振兴，就必须要调动农民的积极性，提升农民的参与度，增强农民的获得感。首先，基层干部应通过走访群众或在村里公开举行会议，让民众从内心信任政府，消除他们消极保守的思想观念。同时，一定要及时听取农民的意见，扩大农民的受益面，确保农民增收的可持续性。其次，要树立典范，在农民中寻找具有发展潜能以及发展较好的代表，从而影响和改变一些消极、安于现状的农民，帮助他们重建致富信心，使他们意识到只有通过自己的努力才能改变现状。如芮城县A镇A1村每年会开展评选五好家

庭、最美西关人、五星级文明户等活动，通过榜样激发村民的内生动力，让他们积极参与到政府和社会的各项工作中来。

(2)加强劳务技能培训

加强劳务技能培训，是提高乡村劳动力素质的重要力量。首先，各级政府应开展各种有关农业种植和畜牧养殖的培训会，同时加强对相关培训会的宣传推广，吸引更多劳动者参与培训。如邀请种植专家在村里开集体会，当面解决农民种植方面的问题，使农民能够科学种田，从而提高农产品的质量和产量。其次，要坚持以市场为导向、择业为目标，增加农民的就业机会，提高农民的创新创业能力。

第四章　样本乡村及学校治理典型案例

一、样本乡村治理典型案例

案例一:运城市芮城县 A 镇 A1 村

(一)村情概况

芮城县 A 镇 A1 村是一个典型的城中村,全村共 3 个居民小组,222 户 855 口人。全村耕地面积 586 亩(约合 39 公顷),由村集体统一经营管理,村里的收入主要来源于门面出租、运输业、经商办厂。A1 村交通便利,巷道全部实现硬化,居民出行方便。A1 村被山西省民政厅评选为“2019 年度省级乡村治理服务示范社区”。2021 年,A1 村被司法部、民政部命名为“全国民主法治示范村”。

(二)基层组织建设

A1 村党支部为了提升党员素质,一直重视对党员的教育,严格落实“三会一课”制度,实行党员积分制管理。自 2012 年以来,镇党委连续几年授予 A1 村党支部“先进基层党组织”和“十佳党支部”的荣誉称号。A1村党支部与村委会，本着有事好商量，众人的事由众人商量的原则，发扬民主，不断探索，从10户一个代表，到每户一个代表，再到党员+户代表，如今，每月25号为A1村的议事日。从账务核查、户口登记到土地分配，只要是群众提出来的，只要是需要公开的，只要是全村的大事，一律上会，一律实行“346”表决制。“3”指有三分之一以上的户代表提出的事项，村委会必须立即召开全体村民代表会议；“4”指在4个月内，对于户代表提出的事项，村委会必须主持召开全体党员、户代表会议进行表决并作出答复。“6”指参会人数必须达到应到会人数的60%及以上，票决结果以参会人数的60%的意见为准。

A1村还实行“一约八会”，“一约”是指“村规民约”。2015年，经多次讨论通过，新修订的《A1村村规民约》正式公布实施，明确为“共商、共建、共享”和“自治、法治、德治”的村民自治模式提供了管理依据。“八会”是指调解委员会、妇联会、老年协会、禁毒禁赌协会、乡贤理事会、道德评议会、红白理事会和村民议事会。

（三）公共服务

1. 基础设施

2012年，投资443万元，建成集党务村务管理、文化活动、社区服务于一身的活动中心，建筑面积2100平方米，内设党员活动室、道德讲堂、党员之家、议事室、图书室等场地，彻底改变了办事环境，增加了服务功能。同时投资58万元在多条巷道安装58个视频监控摄像头。A1村党支部坚决打赢污染防治攻坚战，在全村开展了拆锅炉、煤改气、煤改电、改旱厕“四大战役”，积极投身创建国家卫生县城活动，改善了村容村貌。在2018年，A1村投资20万元，重修幸福巷道路，并进行陵园绿化；投资360万元，对全村厕所进行“旱变水”改造（政府给每家每户补助1000元，其余资金由村里集体出资）；投资300余万元，对步行街进行改造。A1村结合创建卫生县城活动和五星级文明户评选活动，全村家家户户达到了“四好家庭”标准，即衣被叠好、柴草堆好、家禽管好、卫生搞好。村里街道上统一设置了垃圾箱，垃圾集中处理。

2. 福利保障

A1村党支部、村委会坚持以人民为中心，让村民共享改革成果，从而有更多的获得感、幸福感、安全感。2018年，村集体经济收入800万元，村民年分红增长到5000元，节日福利增长到人均1000元以上。在重阳节，村委会为60岁以上老人发放200元慰问品，70岁以上老人过生日时，也会收到500元慰问金，并组织村民到运城体检，外出旅游。2018年，村委会开始为70岁以上的老人祝寿送福，为16岁以上村民每年缴纳500元的养老保险金，为30~65岁村民进行体检，为无地小孩每年发放500元补助，做到在小康路上不让一人掉队。

（四）乡村文化

1. 乡风民俗

A1村将道德建设作为社会综合治理的一项重要内容。A1村年年开展评选好媳妇、好婆婆、五好家庭、最美西关人、五星级文明户等活动，发挥榜样示范作用，提升村民道德素质。1990年前后民主推选成立了红白理事会，用制度规范村民红白事行为，制止铺张浪费，破除陋习，移风易俗，让村民实行自我管理、自我教育、自我服务。

2. 节日文化

A1村党支部以建设社会主义核心价值体系为根本，每逢节日，就会举办各种活动,如元旦联欢会、春节社火表演、三八联欢会、重阳节敬老孝老文化活动等,丰富村民精神生活。文艺是铸造灵魂的工程,A1 村党支部、村委会重视培养本村乡土文艺人才,支持乡土人才繁荣创作,讲好西关故事,传递西关人真善美的情怀,传递向上向善价值观。

(五)可持续产业

1. 特色产业

从 1997 年开始,村党支部抢抓机遇,借地发力,发展商贸业和金融服务业,先后发展了商场(人人家购物广场)、商业街、服饰广场。改革开放促进了 A1 村经济迅猛发展,全村经济总收入和居民人均收入大幅提升,提前实现了全面小康。村民的健康状况、居住条件逐步改善,生活水平不断提高,幸福指数也在逐年上升。

2. 转型发展

创新、协调、绿色、开放、共享的发展观念深入人心,A1 村党支部转变观念,由单纯追求经济指标转向高质量发展,重点治理污染严重的企业和商铺,吸引医疗保健、食品加工、花卉业入驻,走绿色可持续发展之路。原来的商场和服饰广场摊位简陋,管理滞后。通过招商引资,A1 村对商城、超市、钢模板市场设施进行了改造,腾笼换鸟,实行网络化、电子化、信息化、科学化管理,每年比原来增收 10 余万元。

案例二:运城市芮城县B镇B1村

(一)村情概况

B1村位于B镇西北部,距镇政府3公里,是一个典型的山区农村,由13个自然村组成。全村共有758户居民,分为8个村民小组,共2105口人,设3个党小组,有52名中共党员。全村耕地面积7150亩(约合477公顷),经济作物以苹果、药材、核桃和花椒为主,粮食作物有小麦、玉米等。全村羊存栏3000余只,生猪存栏1500头。在县委、县政府的领导下,在镇政府和县畜牧中心的共同帮扶下,该村以芮城县生猪合作养殖项目为依托,积极发展村集体经济,打响了全村脱贫攻坚战。2018年,B1村被命名为"全县平安创建示范村"和"B镇'三基建设'示范村"。

(二)党建引领,多措并举,全力打赢脱贫攻坚战

1.党建引领,助推"三基建设"工作

近年来,帮扶工作队积极协助新上任的村支两委班子,坚持以党建为引领开展工作,全面推进B1村的"三基建设"。一是投资4万余元,全面改造党员活动室和村委会办公场所;二是健全和完善"三会一课"制度、组织生活会制度和民主评议党员制度,推进党支部规范化、制度化建设;三是紧紧围绕《习近平新时代中国特色社会主义思想三十讲》等学习材料,积极开展集中学习讨论,坚持在学中干、在干中学,引领全村党员干部在脱贫攻坚一线出实招、干实活。

2. 精准施策,大力发展对户帮扶

结合村情和各贫困户的实际情况,坚持因地制宜,因户施策,主要围绕花椒、中药材种植和肉牛养殖开展对户帮扶。在花椒种植方面,与山西省某农业开发有限公司签订了服务协议,由公司专业技术人员为贫困户进行技术培训和现场指导。村委与贫困户签订种植花椒协议书,投资6900元购买了3000棵红狮子头花椒苗。在中药材种植方面,牵头成立了芮城县条芩中药材种植专业合作社,采取"合作社+贫困户"种植模式,由合作社牵头,贫困户提供土地,签订三方协议,每亩补助500元,种植柴胡近百亩,预计两年以后每亩柴胡可产生经济效益4000元以上。在肉牛养殖方面,通过入户走访,为3户贫困户购买4头小牛犊(每头补助2000元),每头牛可让贫困户年收入增加3500元以上。2018年,村干部与银行积极沟通与协调,为12户贫困户办理了小额贴息贷款,每户每年可增加收益分红3000元。

3. 心系群众,积极推进易地扶贫搬迁

根据县扶贫办推进"两不愁三保障"工作安排,帮扶工作队召开了全体贫困户会议,传达了易地扶贫搬迁相关政策,由符合条件并愿意搬迁的贫困户书写申请书,并签订相关协议。B1村共核实计划搬迁户20户。其中,五保户集中供养7户,B镇安置12户,县城移民点安置1户。

(三)改革创新,谋划当先,全力助推乡村振兴

1. 多点发力,抓项目谋振兴

一是争取扶贫项目资金3.84万元,实施自然村人畜饮水机井改造项目;二是争取畜禽粪污治理项目资金10万元,完善B1村猪场粪污处理设施设备;三

是争取植树造林项目资金 5 万元，完成村委会周边及部分通道绿化；四是争取高标准农田建设项目资金 300 余万元，实施 B1 村基本农田机耕路和灌渠改造；五是争取移民项目资金 30 余万元，在村委会南侧建设文化广场；六是争取交通项目资金 60.2 万元，实施 1.45 公里村通公路硬化。

2. 因地制宜，抓产业谋发展

B1 村地处山区，水利资源严重短缺。村支两委结合"改革创新、奋发有为"大讨论活动安排，对标一流谋发展，积极组织村农业骨干参加全市贫困村致富带头人培训，并组织相关人员到陕西省韩城市实地考察中药材和花椒产业，初步敲定 B1 村围绕"花椒 + 中药材"两项特色产业引领产业发展新路子。

在镇党委、政府的总体部署和要求下，B1 村积极深入地开展综合治理工作。B1 村以"扫防结合、预防为主"为方针，认真开展矛盾纠纷排查调解、扫黑除恶、平安村创建、禁毒、退役军人慰问、扶贫助困等工作，有力保障了 B1 村和谐稳定的良好局面。B1 村通过产业发展、易地扶贫搬迁、村基础设施建设及平安村创建等多项举措，实现了贫困村脱贫摘帽，也为经济社会发展营造了安全、稳定、祥和的社会环境。

案例三：吕梁市兴县 C 镇 C1 村

（一）村情概况

C1 村位于 C 镇政府以北，东北方向与 C2 村接壤，东南与 C3 村隔河相望。总面积 4 平方公里，耕地 900 亩（约合 60 公顷），户籍农业人口 470 人，总户数 178 户，收入来源以二三产业和退耕还林为主。C1 村现有党员 12 名，村支两委 5 人，村民代表 5 人，村级班子健全。C1 村属大陆性季风气候，气候条件恶劣，干旱少雨,土地贫瘠,保水肥能力极差,人均耕地面积少且单产低,靠耕种来养家糊口历来都是问题。2017 年 C1 村实施新一轮退耕还林项目,退耕面积达 471.6 亩(约合 31.4 公顷),当年补贴收入 23.58 万元,年人均增加收入 500 元。2018 年,经村支两委、"三支力量"和党员代表、村民代表大会商议通过,一致同意由村集体牵头,成立 C1 村经济合作总社。

(二)村基础设施情况

1. 道路情况

C1 村距主干道 218 省道 0.5 公里,但进出村的主要道路路面破损,车辆通行困难,下雨天道路泥泞,平时扬尘污染较重,并且桥头 C3 村一侧乱倒垃圾,严重影响了村民的正常出行。

2. 饮水情况

村里的自来水是煤矿免费供给,但因同时供给周边几个村,水压不足加之管路老化,故障较多,致 C1 村部分地段居民无法正常使用自来水,全村人畜饮水问题亟待彻底解决。

3. 其他情况

文化活动广场和村级医疗卫生室已投入使用。村内通照明、动力电,宽带网络均已到村到户。

(三)村党建情况

C1 村在党支部书记带领下,连续四年被县委组织部授予五星级党支部,连续五年被市委组织部授予“五好支部”，党建工作扎实有序。在脱贫攻坚过程中，党支部和党员干部充分发挥了带头引领的模范作用，为脱贫攻坚工作奠定了良好的基础。下一步将继续加强“三基建设”，加强党员队伍管理，严格执行“三会一课”制度，落实“主题党日活动”制度，加强对全体党员的教育培训，提高党员为人民服务的意识。村务工作方面，要在村党支部的引领下落实好“四议两公开”“一事一议”等工作制度，确保村务公开、公正、透明，从而进一步提高群众满意度，建立和谐稳定的新农村。

（四）扶贫工作基本情况

C1 村于 2014 年被国家扶贫部门认定为贫困村，当年建档立卡贫困户为 51 户 158 人，贫困发生率为 33.6%。2015 年 8 月，兴县执法局受县委组织部委派进驻 C1 村帮扶，驻村工作队长由执法局局长担任，第一书记由执法局派出，帮扶责任人由执法局 7 人组成。帮扶队伍与村支两委班子成员凝心聚力，一方面合理布局村级经济发展，推进村级产业规模化进程，确立以第二、三产业为主，种、养及农产品加工为辅的产业格局；另一方面积极实施扶贫产业项目和“美丽乡村”建设，在基础设施、环境卫生、村容村貌等方面下大功夫，确保按期整村脱贫。

1. 贫困户帮扶情况

经村支两委和帮扶力量共同研究并结合镇、村、户、人的实际情况，确定了发展产业项目、劳务输出、种植、养殖、运输、服务业和政策保障等多种脱贫举措，确保贫困户脱真贫、真脱贫。

2. 村产业建设情况

为保证如期脱贫，必须要有适合 C1 村持续发展的扶贫产业项目进行强有力的支撑,否则很容易出现贫困户今年脱贫明年返贫的现象。通过国家扶贫政策和产业资金的大力支持,该村以退耕还林、制造业和服务业为支撑,为乡村和贫困家庭提供持续和稳定的收入来源。

3. 扶贫政策落实情况

确保国家的各项政策落实到户是脱贫过程中的重要环节,为此 C1 村严格确定帮扶责任人为政策落实责任人,宣传到户、到人,确保了政策知晓率。

4. 脱贫成效

C1 村 2017 年度退耕还林 471.6 亩(约合 31.4 公顷,全村耕地总面积为 900 亩),五年内生态补偿可增加收入 70.74 万元,人均增收 1505 元。补助期满后,核桃林已进入初果、盛果期,估计每亩产值在 1000 元以上,全村每人每年增收 1000 元以上。核桃经济林是一项低成本、后续管理简易、盛果期持续时间特长(50 年以上)、收益比较稳定的经济林种,同时还有林下经济收益可使农户从原来繁重的种植业劳动中解脱出来,既提高了耕地的利用率,增加了农民收入,又降低了农户的生产劳动强度,一举多得。C1 村通过各类帮扶政策和脱贫措施的落实,贫困户经济收入稳定超出贫困线,村集体经济整体有所发展,于 2019 年底稳定脱贫。

(五)村重点工作开展情况

1. 环境卫生整治情况

C1 村通过村干部牵头、村民集体参与、网格化管理的办法,来整治环境卫生这个“老大难”问题:建立稳定的长效保洁机制,通过网络管理模式加强对保洁队伍的管理;落实责任区域,做到户街小道干净整洁、无乱堆乱放,村容村貌得以提升;严格遵照“五净一规范”要求,初步解决“脏、乱、差”问题。该村累计出动机械30余小时、义务工100余人次,清运垃圾150余立方米,整治“三堆”10多处。执法局全体帮扶责任人动手清理了C1村主道上乱堆乱放的煤堆2处、土堆20平方米、沙堆3处,配合村委清除了路边的彩钢搭建以及影响村容村貌的简易厕所2处,受到了村民的一致称赞。

2. 扫黑除恶开展情况

C1村成立了扫黑除恶专项小组,并制订严密的工作方案,组织召开动员大会。动员会上,村支两委全体成员、党员和村民代表庄严宣誓,签订了从自身做起、严厉打击黑恶势力的责任承诺书。村支两委指定专人负责线索收集与报送,建立了微信群,到目前为止,该村未发现任何涉黑涉恶的线索和问题。扫黑除恶专项斗争的开展,有力推进了村内各项工作的落实。

案例四:吕梁市兴县C镇C2村

(一)村情概况

C2村位于C镇政府以东2.5公里,与西关煤矿隔河相对。全村耕地面积1762亩(约合117公顷),多为山地,平整地块较少,主要种植杂粮、薯类、谷子。农户喂养少量的山羊、牛等牲畜。部分村民依托西关煤矿以运输业为生。该村总户数314户,共863人,其中党员17名(其中女性党员1人)。该村2014年被认定为贫困村,扶贫驻村工作队为兴县执法局,第一书记为吕梁市城市管理服务中心派出,帮扶队员由兴县执法局12人组成。

(二)村党建情况

C2 村党支部是连续九年的“五好支部”,党建工作扎实有效,在脱贫攻坚过程中,党支部和党员干部充分发挥了带头引领的示范作用,为脱贫攻坚工作奠定了良好的基础。在村务工作方面落实好“四议两公开”“一事一议”等工作制度,确保村务公开透明,提高群众满意度,确保村内的和谐稳定。C2 村党支部从以下方面入手推进党建工作:以党建促脱贫,从乡村党员阵地建设入手,全力抓好村党支部的组织建设;加强对党员同志的思想教育和队伍建设,严格落实“三会一课”制度和“党员活动日”制度,提高支部党员服务群众的基本能力;入户宣传健康扶贫政策和技能培训;深入宣传扫黑除恶专项斗争,做到户户知晓,人人了解;利用庆七一活动,重温并深入学习习近平总书记视察山西重要讲话精神;慰问老党员老干部。

(三)村重点工作开展情况

1. 环境卫生整治

为了进一步建设美丽乡村,改善人居条件,切实提高村民获得感,C2 村由村干部牵头,村民集体积极参与,逐步整治环境卫生问题。C2 村建立和健全长效保洁机制,在网络管理模式下引入问责制度。背街小巷、死角常年保持干净整洁,无乱堆乱放、无小广告、河道无垃圾,村容村貌干净整洁,初步解决“脏、乱、差”问题。通过集中整治与常态化管理,C2 村累计清理出动机械 50 余小时、义务工 230 人次,清理主干道 1.2 公里,清运垃圾 58 吨,整治“三堆”10 处,修建垃圾收集点 5 处,受到了村民的一致好评。目前村内进户道路为水泥路,交通较为便利;村内已通自来水、通动力电,且水电均由煤矿无偿供村民使用;

移动、联通、电信手机信号通畅，互联网光纤接入到户；文化活动广场设施齐备；红白理事厅的建设正在筹备中。

2. 扫黑除恶工作开展情况

C2村成立了打击黑恶势力领导小组，制订了工作计划，召开了动员大会。动员会上，村支两委全体成员、党员和村民代表庄严宣誓，签订责任书，承诺从自身做起，坚决与黑恶势力作斗争。村支两委指定了专人负责线索收集与报送，建立了微信群，目前为止，该村没发现任何涉黑涉恶的线索和问题。

（四）现有产业增收情况

1. 小杂粮种植

小杂粮种植是该村传统的种植项目，品质优良但产量较小。近年来外出务工人员较多，村里撂荒地越来越多，可由村支两委进行沟通与协商，将外出务工农民家里闲置的土地承包给尚有耕作意愿的贫困户，提高经济作物的产量，增加贫困家庭的收入。同时，发展林业，推行药材种植计划，以增加土地利用率，增加贫困家庭的经济收入。

2. 绒山羊养殖合作社

村集体与某养殖合作社合作建设绒山羊养殖基地，努力构建肉驴以及大牲畜养殖的产业链。养殖业上下游产业均有很大的发展空间，如养殖羊需要大量的草料，可以适当发展牧草、饲料加工产业。该村及周边地区玉米、作物秸秆产量丰富，传统上除极少量用于牲畜饲养、烧火做饭以外，大量的作物秸秆都是废弃在地里或是就地焚烧，不仅浪费还造成环境污染。可以利用闲置资源，发展青储饲料加工业，为绒山羊养殖服务。

3. 劳务输出

利用C镇厂矿企业较多、用人需要较大的优势，由村集体出面与附近的厂矿企业积极沟通，为村民联系就业岗位，让村民可以就近务工，减少外出务工不必要的支出与成本，提高净收入。

发展村集体经济，既要解决村集体的收入问题，也要带动部分贫困户创收增收，共同富裕，还要有一定的可持续发展性，且适合本村的风土人情，所以选择项目必须非常慎重，要保证国家扶贫资金的安全有效利用，使村集体和村民真正享受到扶贫攻坚带来的红利。

案例五：吕梁市兴县C镇C3村

（一）村情概况

C3村位于C镇，北与C1村接壤，本村下辖5个村民小组，户籍人口2592人，总户数881户。耕地面积2400亩（约合160公顷），种植的农作物主要有高粱、玉米、薯类、谷子，人均粮食产量250千克。主导产业为种植、养殖、运输，C3村附近有晋绥边区革命纪念馆、兴县晋绥解放区烈士陵园等红色旅游景点，有兴县油枣、抿尖、金丝饼等特产。C3村现有党员44名，其中女党员2名，村支两委7人，村民代表27人。

（二）村重点工作开展情况

1. 环境卫生整治情况

为了改善人居条件，提升C3村整体形象，夯实脱贫攻坚实效，切实提高村民及贫困户获得感,该村通过村干部牵头、村民集体参与、网格化管理的办法,一点一滴整治环境卫生。随着强有力的长效保洁机制的建立,C3 村加强对保洁队伍的管理,按照网络化管理模式落实责任区。C3 村的小街、小巷和死胡同一年四季都保持干净整洁,无乱堆乱放,街容街貌、村容村貌、户容户貌干净整洁,初步解决"脏、乱、差"问题。通过集中整治与常态化管理,该村累计清理出动机械 200 余小时、义务工 300 余人次,清运垃圾 150 余吨,整治"三堆"100 余处,执法局全体帮扶责任人对 C3 村主街道乱摆乱放、乱贴乱画现象进行治理规划,配合村委清除街道两边违建彩钢房 20 余间,受到了村民百姓的一致好评。

2. 基础设施完善情况

道路情况:C3 村的主干道路,也是进出村的主要道路,原路面破损,车辆通过时产生灰尘,扬尘污染较重,下雨天道路泥泞,已经影响到村民的日常生活。2017 年 9 月份铺油路,上述状况得到改善。

饮水情况:村里虽然已通自来水,但管道老化,也需要全面维护或整修。

其他情况:村级医疗卫生所于 2019 年 6 月完成改造建设,现已投入使用。已经通动力电,宽带网络均已到户。目前为止,C3 村还没有文化活动广场等基础性设施。

3. 扫黑除恶工作开展情况

C3 村成立了扫黑除恶领导小组,制订了周密的工作方案,并在全村召开动员大会。动员会上,村支两委全体成员、党员代表、村民代表庄严宣誓,签订责任书,从自身做起,坚决与黑恶势力作斗争。村支两委指定专人负责线索收集与报送,建立了微信群,目前为止,该村没发现任何涉黑涉恶的线索和问题。

(三)脱贫工作基本情况

C3 村于 2014 年被国家扶贫部门认定为贫困村,扶贫驻村工作队为兴县执法局,第一书记由兴县执法局派出,帮扶队员由兴县执法局39人组成,工作队队长由执法局副局长担任。

C3村帮扶力量同村支两委班子凝心聚力,一方面精心布局集体经济发展,大力推进村产业规模化进程,基本确立了以养殖业为主、农业加工业为辅的产业格局;另一方面积极实施"美丽乡村"建设,在完善基础设施和整治环境卫生等方面着力落实,确保整村顺利如期脱贫。

1. 村产业发展情况

通过国家扶贫政策和资金的大力支持,该村确定发展养殖业、加工业、经济林等多个项目,可从长远确保贫困户不返贫,村集体经济有收入。

(1)退耕还林和核桃经济林项目

C3村2017年退耕还林351.9亩(约合23.46公顷)栽种核桃树,全村5年内预计增收527 850元。

(2)众诚养殖合作社生猪养殖项目

2018年,经"三支力量"和村支两委、党员和村民代表大会商议通过,一致同意由村集体牵头,利用100万元产业扶贫资金,成立众诚养殖合作社,进行生猪养殖项目。项目占地23亩(约合15 333平方米),猪舍面积2100余平方米,计划年出栏3000头。

2. 扶贫政策落实情况

确保国家的各项政策落实到户是脱贫的重要环节,为此确定帮扶责任人为政策落实责任人,他们宣传到户、到人,确保了政策知晓率。

二、样本乡村学校治理典型案例

案例一：吕梁市兴县B镇B2村B2小学

兴县B镇B2村B2小学于2002年建成，并于2003年投入使用。它是一所乡村寄宿制小学，招收来自B2村和周边其他地区的儿童。

根据学校条件及学生情况，2019年春季开设教学班6个，共计学生77人（小学65人，学前12人），其中学前班为复式班，一、二、三、四年级为单式班，五、六年级为复式班。留守儿童共55人，其中建档立卡44人，孤儿4人。全校教职工总人数13人，其中教师9人，后勤4人。

随着社会经济的快速发展，近年来大量农民外出务工，留在乡村的儿童逐年增多。B2小学面向全县招收孤困留守儿童，因此孤困留守儿童较为集中。该校在设立之初就有针对性地成立了留守儿童教育管理机构，为这些孩子营造一个虽不是家却胜似家的环境，让他们和其他孩子一样享受公平的教育生活资源，助力这些孩子健康成长。截至2019年春季学期，B2小学依靠国家政策资助及社会力量帮扶孤困留守儿童240人次，保障了孤困留守儿童的学习生活，减轻其家庭经济负担，让孤困留守儿童享受平等、优质的教育资源。

该校有留守儿童55名，其中既属于建档立卡户又是留守儿童还是孤儿的有4人；既属于建档立卡户又是留守儿童的有40人；既是建档立卡户又是单亲家庭的为26人。为了留守儿童能够健康成长，改善留守儿童学习、生活条件，引导其积极面对生活，B2小学建立留守儿童帮扶基地，定期举办各种关爱留守儿童的活动，不但关心他们的生活、学习，也教育他们学会关爱别人，学会感恩。为了加强留守儿童与父母之间的沟通，学校开通“教师热线”，让外出务工家长可随时与班主任取得联系,架起留守儿童与父母之间感情联络的桥梁。政府也通过不断完善关爱服务体系、加大保护关爱力度、发挥社会力量帮扶优势保障孤困留守儿童的学习和生活,让他们能持续健康成长。

案例二:运城市芮城县 A 镇 A1 村 A1 示范小学

A1 村历来注重教育事业的发展,村支部、村委会率先在全县办起了村级幼儿园,建设高标准中小学校,又以组建教育集团为契机,与其他示范小学联合办学,建成 A1 示范小学,并扩建校舍,改善教学条件,规范管理,提升教学设施和师资水平,中小学教育和幼教工作一直在全县名列前茅。

A1 示范小学于 2017 年 9 月 16 日和七一示范小学联合,更名为七一示范小学(西校区)。A1 小学属于县教科局直属的学校,不包含寄宿,办学规模为四轨制,每个班学生的平均人数在45～50 人,教学器材比较齐全,图书有 2 万余册。学校内设有食堂,但中午用餐的学生不到 200 人。教师的年龄普遍偏大,职称分布均衡,学历都在大专及大专以上,工资在 3000 元左右。由于共同组建教育集团,学校经常会组织该校教师和集团内七一示范小学(北校区)的教师交流学习。该校会经常组织家长会,并成立了家长委员会,很重视学校与家长的交流沟通。据工作人员介绍,该校由于是四轨制,每年招生人数较少,学位供不应求,不存在学生流失的情况。另外,A1 村以前撤并过几个规模较小的学校,现在没有严格意义上的乡村小学,基本已经城市化。

案例三:运城市芮城县 B 镇 B1 联校和 B2 小学

(一)B1 联校

B1 联校成立于 1958 年,这是一所小学和初中兼备的走读兼寄宿制乡镇学校。该校有 236 名学生,分 9 个班。学校的总面积为 43 605 平方米,建筑面积为5024平方米。目前,学校有52名教职工,46名专任教师。B1联校拥有现代化的教学设施,为学生的成长提供了优质的资源。学校以“建设小而美的乡村学校”为发展目标,以“让每一个孩子拥有幸福人生”为办学理念,一直沿着内涵式的发展道路不断向高层次迈进。B1联校以“小班教学,小学初中有机衔接,实施阳光教育”为特色,遵循“文明和谐、合作向上”的校风,“学而思、问而行”的学风,“学而导、尊而爱”的教风,凝心聚力,奋发图强。

1. 确立三个目标

学校发展目标:建设“小而美”的乡村学校。小,主要是希望通过精细化管理、精准的服务,使全校留守儿童特别是16个建档立卡户的孩子得到全面发展,健康成长。美,则是希望校园环境越来越好,师生的行为美、精神美。

学生发展目标:成为“身心健康、品行端方、课业优良、学有专长”的阳光少年。

教师发展目标:教学业务方面要做到受同行敬佩,教育学生方面要做到深受学生爱戴。

2. 树立三个标杆

老年教师代表:王老师,56岁,六年级数学教师。多年来始终坚守教学一线且成绩优异,2019年被评为数学高级教师。

中年教师代表:杨老师,45岁,初中部168班语文教师,教学成绩突出,2019年被评为“课堂改革先锋”。

青年教师代表:王老师,25岁,中共党员,音乐教师,德育工作突出,2019年被评为“立德树人标兵”。

3. 加强爱国主义教育

B1联校虽地处乡村,但人文历史深厚。革命烈士史永正的纪念碑距离学校5公里,每年清明节学校都要组织全体师生前往祭扫,用先烈精神激励全体师生干事创业,奋勇向前。

(二)B2 小学

B2 小学地处中条山深处,北靠大山,南临深沟,交通极为不便,特别是冬天降大雪后,沟里的积雪很难融化,老师学生上下学十分不便。因土地贫瘠,干旱少雨,村民多数在县城购房,但仍有部分贫困农户无力外迁,为了让群众外出务工无忧,孩子能够就近入学,芮城县教科局积极回应群众的关切和期盼,努力办好每一所小学,特别是地处僻远的教学点。

B2 小学现有6位教师,13 名学生,其中二年级1人,三年级4人,四年级3人,幼儿5人。学校虽小,但师生同吃同住同学、温馨如家的育人环境令人称赞。为了让所有适龄儿童就近享受优质的教育资源,每年暑假开学前,6位教师都要深入周边几个自然村逐户走访,确保每位适龄儿童按时入学。为了促进孩子全面成长,6位教师要身兼数职,语文、数学、英语、科学等所有学科要开足开全,并发挥各自特长,有做饭的、有打扫卫生的、有负责安全的……组织学雷锋活动、清明节网上祭英烈活动、六一活动等,所有教育教学活动有条不紊、井然有序,整个校园书声琅琅、歌声嘹亮,每天都为静谧的山乡带来希望和生机。更难能可贵的是,为了提高教学质量,他们均采用单式教学。这里的每一位老师勤奋敬业,都能熟练掌握多媒体教学设施,使用先进的教学设备开展教学活动,并利用网络教研吸收和借鉴适合小班的教学模式。即使二年级仅有一名学生,仍有一位老师专人代课,形成了“一个班级一名老师一名学生”的最精致的小班教学。

在育人方面,B2 小学教师的一些做法更是令人称赞。为了解决家长白天务农或者外出务工的后顾之忧,13 名孩子全部日托在校,老师们免费承包一切托管工作：早晚接送上下学，免费午托，下午延时放学（与孩子一起完成家庭作业），在校期间，师生一起吃饭、一起游戏、一起读书。生活上，由于孩子年龄小，老师经常给孩子梳头发、洗头发、洗衣服、缝补衣服等。为了促进孩子的心理健康，他们始终坚持"三个一"活动：坚持每周和孩子谈心一次，了解孩子的思想、生活、学习状况；坚持每月家访一次，让老师与家长真正面对面，敞开心扉聊孩子；坚持每月举办一次亲子活动，促进孩子和父母之间的感情，使孩子健康快乐地成长。

案例四：晋中市介休市A乡A3村A3小学

A3小学以"德育为先，能力为重，全面发展"为办学理念，本着"公平、公正、阳光、透明"的原则进行阳光编班，采用电脑随机配位，均衡编班。编班流程如下：①电脑操作员操作编班系统均衡编班；②分管领导，监督人员签字；③班主任抽签确定班级并签字；④复印并张贴公布。

为促进学生的全面发展，该校推行"体育、艺术2+1项目"，旨在帮助学生掌握一定的体育、艺术技能，提高学生身体素质、人文素养和审美情趣，促进学生全面发展。此外，该校还创设了体育活动大课堂，确保学生有足够的体育锻炼时间，并定时间、定地点、定项目、定内容、定辅导教育，做好活动过程记录。该校每学期严格按照学校体育课和艺术课教学标准以及国家学生体质健康标准，对学生进行体质测试，认定结果和班级小组捆绑式评价结合后对学生进行综合评价，作为学生综合素质评价的重要组成部分。

案例五：晋中市介休市A镇A1村A1小学

A1小学于2011年9月合并组建，服务人口近9000人。学校占地面积10 273平方米，建筑面积6948平方米，建筑总投资680万元。现有教室14个，教师办公室2间，微机房1间，有45台计算机。学校的实验室54平方米，仪器室42平方米,图书室42平方米,美术室30平方米。标准化操场2500平方米,环形跑道200米。学校教学设施齐全,制度基本完善健全。现有12个小学教学班,有小学生490名,每班配有多媒体设施,6个幼儿班,幼儿156名。现有小学教师28名,幼儿教师9名。教师学历合格率达到100%,有中小学一级教师7人,介休市级以上教学能手4人。教师结构基本合理。近几年来,学校着重抓好以下工作。

(一)坚持以两个"一二三四"为工作目标

抓好教学管理的一二三四:一个中心,以学生的全面发展为中心;两个确保,确保安全万无一失、确保质量稳步提升;三项建设,队伍建设、特色建设、文化建设;四个加强,加强常规管理、加强工作纪律、加强习惯培养、加强家校合作。抓好学生的一二三四:一个目标,以学生的快乐学习、快乐成长为目标;二个至少,每天至少户外锻炼一小时、每天课外阅读一小时;三种精神,勤奋刻苦的精神、持之以恒的精神、动手实践的精神;四个确保,确保学习兴趣浓、确保学习方法优、确保学习动力足、确保学习情绪高。

(二)注重培养学生德智体美劳全面发展

为促进学生全面发展,学校开展了以下丰富多彩的活动:歌咏比赛、跳绳踢毽子比赛、广播操比赛、演讲比赛、世界读书日经典诵读比赛、汉字听写比赛、数学计算能力测试、读书节活动、春季田径运动会、心理健康教育、安全法制教育、手工美术作品制作等。

(三)成立家长委员会

为促进家校合作,学校成立了家长委员会。学校每学期至少召开一次家长会,与家长当面沟通孩子的学习和生活方面的情况,同时还利用微信群、短信和安全教育平台与家长沟通,增强家校之间的联系。

阅读文献

[1] 中共中央马克思恩格斯列宁斯大林著作编译局. 马克思恩格斯选集:第3卷[M]. 北京:人民出版社,2012.

[2] 中共中央宣传部. 习近平总书记系列重要讲话读本[M]. 北京:学习出版社,2014.

[3] 中共中央文献研究室. 习近平关于社会主义生态文明建设论述摘编[M]. 北京:中央文献出版社,2017.

[4] 中共中央宣传部. 习近平总书记系列重要讲话读本[M]. 北京:学习出版社,2016.

[5] 习近平. 论坚持全面深化改革[M]. 北京:中央文献出版社,2018.

[6] 习近平. 习近平谈治国理政[M]. 北京:外文出版社,2018.

[7] 中共中央宣传部. 习近平新时代中国特色社会主义思想三十讲[M]. 北京:学习出版社,2018.

[8] 本书编写组. 中共中央关于全面深化改革若干重大问题的决定:辅导读本[M]. 北京:人民出版社,2013.

[9] 本书编写组. 中共中央关于全面推进依法治国若干重大问题的决定:辅导读本[M]. 北京:人民出版社,2014.

[10] 李奥帕德. 沙乡年鉴[M]. 姚锦铭,译. 北京:中国文联出版社,2018.

[11] 习近平. 把乡村振兴战略作为新时代"三农"工作总抓手[J]. 社会主义论坛,2019(07).

[12] 卡尔森. 寂静的春天[M]. 辛红娟,译. 南京:译林出版社,2018.

[13] 沃德,杜博斯. 只有一个地球:对一个小小行星的关怀和维护[M].《国外公害丛书》编委会,译校. 吉林:吉林人民出版社,1997.

[14] 米都斯,等. 增长的极限:罗马俱乐部关于人类困境的报告[M]. 李宝恒,译. 吉林:吉林人民出版社,1997.

[15] 刘思华. 可持续经济文集[M]. 北京:中国财政经济出版社,2007.

[16] 陈昌曙. 哲学视野中的可持续发展[M]. 北京:中国社会科学出版社,2000.

[17] 姬振海. 生态文明论[M]. 北京:人民出版社,2007.

[18] 沈智,王德重. 孔子的生命智慧:细读儒家经典200句[M]. 沈阳:万卷出版公司, 2009.

[19] 高丽娟,王川. 中国文化概论[M]. 长春:吉林大学出版社,2018.

[20] 南怀瑾. 老庄中的名言智慧[M]. 上海:上海人民出版社,2019.

[21] 张葆全,阮氏雪,郑振铭,等. 大学中庸选译:汉越对照[M]. 桂林:广西师范大学出版社,2018.

[22] 王朋,钟鸣. 通用成语词典[M]. 长沙:湖南人民出版社,2000.

[23] 冯之浚. 循环经济与绿色发展[M]. 杭州:浙江教育出版社, 2013.

[24] 郭建安,张桂荣. 环境犯罪与环境刑法[M]. 北京:群众出版社,2006.

[25] 闫小斌,段小虎,贾守军,等. 超越结构性失衡:农村公共文化服务供给驱动与需求引导的结合[J]. 图书馆论坛,2018(6).

[26] 司洪昌. 嵌入村庄的学校[M]. 北京:教育科学出版社,2006.

[27] 赵志强. 乡村振兴战略下的新时代农村生态治理:现实困境与路径选择[J]. 重庆师范大学学报(社会科学版),2020(5).

[28] 杨真珍. 乡村振兴背景下的农村生态文明建设路径研究[J]. 农机使用与维修,2020(8).

[29] 殷沙漫. 乡村振兴背景下农村生态文明建设的困境与出路[J]. 中国集体

经济,2020(31).

[30] 燕连福,周祎.70年来我国生态文明建设的回顾与展望[N].西安日报,2019-10-23(007).

[31] 秦凤梅,曹渊渤.国内生态文明制度建设研究综述[J].理论研讨,2019(4).

[32] 罗婵.践行"两山"理论促进农业农村绿色发展[J].工作指导,2020(353).

[33] 高程.我国生态文明建设研究综述[J].农村经济与科技,2020,31(20).

[34] 毛明芳.生态文明的内涵、特征与地位[J].中国浦东干部学院学报,2010(5).

[35] 申曙光.生态文明及其理论与现实基础[J].哲学动态,1994(10).

[36] 王如松.奏响中国建设生态文明的新乐章[J].环境保护,2007(11).

[37] 喻包庆.当代中国生态文明建设的困境及其解决路径:基于人与自然关系的视角[J].探索,2013(6).

[38] 刘晶.生态文明建设的总体性与复杂性:从多中心场域困境走向总体性治理[J].社会主义研究,2014(6).

[39] 卢洪友,许文立.中国生态文明建设的"政府-市场-社会"机制探析[J].财政研究,2015(11).

[40] 秦书生,王旭.把生态文明建设融入政治建设探析[J].中共天津市委党校学报,2015(5).

[41] 王湘云.论我国生态文明建设中存在的问题及对策研究[J].生态经济,2014(6).

[42] 刘晶.生态文明建设的总体性与复杂性:从多中心场域困境走向总体性治理[J].社会主义研究,2014(6).

[43] 张孝德."两山"理论:生态文明新思维新战略新突破[J].人民论坛,2017(25):66-68.

[44] 肖晞,贾磊. 人类命运共同体:马克思共同体思想的继承与发展[J]. 中国浦东干部学院学报,2020,14(04).

[45] 卢风. 生态文明与美丽中国[J]. 中国图书评论,2019(05).

[46] 李龙强,李桂丽. 民生视角下的生态文明建设探析[J]. 中国特色社会主义研究,2016(06).

[47] 田鹏颖. 新时代社会主要矛盾转化与新要求[J]. 中国特色社会主义研究,2018(03).

[48] 徐磊. 习近平"两山论"再探:生态生产力的新视界[J]. 广西社会科学,2019(06).

[49] 郭华巍. "两山"重要理念的科学内涵和浙江实践[J]. 人民论坛,2019(12).

[50] 宫长瑞,张迎. 习近平"两山"思想的民本思维及践行原则研究[J]. 林业经济,2019,41(06).

[51] 钭利珍,顾金喜. 习近平"两山"思想的逻辑体系及其当代价值[J]. 中共天津市委党校学报,2018,20(01).

[52] 张孝德. 中国乡村文明研究报告:生态文明时代中国乡村文明的复兴与使命[J]. 经济研究参考,2013(22).

[53] 杜蕙. 农药污染对生态环境的影响及可持续治理对策[J]. 甘肃农业科技,2010(11).

[54] 郝婧. 农村水环境的生态治理模式与技术探讨[J]. 科技经济导刊,2019,27(13).

[55] 郭鹏飞. 农业面源污染防治的审计监督研究[J]. 环境保护,2020,48(08).

[56] 胡曾曾,于法稳,赵志龙. 畜禽养殖废弃物资源化利用研究进展[J]. 生态经济,2019,35(08).

[57] 骆艺. 宁德市农业面源污染现状、存在问题及治理对策[J]. 福建农业科技,2020(09)

[58] 侍爱秋.盐都区农业面源污染现状及治理措施[J].安徽农学报,2014,20(Z1).
[59] 王俊能,赵学涛,蔡楠,等.我国农村生活污水污染排放及环境治理效率[J].环境科学研究,2020,33(12).
[60] 陈文胜,曹锦清.集体经济与集体化[J].中国乡村发现,2017(4).
[61] 陈文胜.城镇化进程中乡村社会结构的变迁[J].湖南师范大学社会科学学报,2020,49(02).
[62] 茆长宝,熊化忠.乡村振兴战略下农村人口两化问题与风险前瞻[J].西南民族大学学报(人文社科版),2019,40(08).
[63] 皮晓雯,魏君英.农村人口老龄化对乡村振兴战略的影响[J].合作经济与科技,2018(22).
[64] 张辉,刘浩南.近三十年来乡村人口迁移与老龄化问题研究[J].辽宁经济,2019(07).
[65] 帅庆,平欲晓.文化断裂视角下乡村生态环境问题分析[J].农业考古,2013(06).
[66] 时慧娜,许家伟.国内外村落衰退研究的进展及启示[J].云南社会科学,2019(04).
[67] 聂永江.乡村文化生态的现代转型及重建之道[J].江苏社会科学,2020(06).
[68] 解胜利,赵晓芳.从传统到现代:农耕文化的嬗变与复兴[J].学习与实践,2019(02).
[69] 高静,王志章.改革开放40年:中国乡村文化的变迁逻辑、振兴路径与制度构建[J].农业经济问题,2019(03).
[70] 张孝德.中国乡村文明研究报告:生态文明时代中国乡村文明的复兴与使命[J].经济研究参考,2013(22).
[71] 丁若兰.我国农村中小学布局调整研究三十年:回顾与展望[J].西北成人

教育学院学报,2020(02).

[72] 赵垣可,刘善槐. 改革开放以来我国农村教师队伍建设问题研究[J]. 理论月刊,2019(01).

[73] 杨卫安. 乡村小学教师补充政策演变:70 年回顾与展望[J]. 教育研究,2019,40(07).

[74] 韩嘉玲,余家庆. 离城不回乡与回流不返乡:新型城镇化背景下新生代农民工家庭的子女教育抉择[J]. 北京社会科学,2020(06).

[75] 孙松滨. 留守儿童留守老人:为改革开放作出潜在贡献付出了最大牺牲[J]. 边疆经济与文化,2015(12).

[76] 蒋永穆,王丽萍,祝林林. 新中国 70 年乡村治理:变迁、主线及方向[J]. 求是学刊,2019,46(05).

[77] 马池春,马华. 中国乡村治理四十年变迁与经验[J]. 理论与改革,2018(06).

[78] 文琦,郑殿元,施琳娜 . 1949—2019 年中国乡村振兴主题演化过程与研究展望[J]. 地理科学进展,2019,38(09).

[79] 张旭,隋筱童. 我国农村集体经济发展的理论逻辑、历史脉络与改革方向[J]. 当代经济研究,2018(2).

[80] 姜春海. 中国乡镇企业发展历史回顾[J]. 乡镇企业研究,2002(02).

[81] 王丽霞,何彦峰. 天水市农村产业结构现状与突破路径探析[J]. 中国集体经济,2020(31).

[82] 张岩,董涵,仇玉凤,等. 新农村建设背景下的乡村生态旅游开发研究[J]. 农业经济,2013(03).

[83] 王勇. 高质量发展视角下推动乡村旅游发展的路径思考[J]. 农村经济,2020(08).

[84] 舒伯阳,马静. 中国乡村旅游政策体系的演进历程及趋势研究:基于 30 年数据的证分析[J]. 农业经济问题,2019(11).

[85] 刘鹏，崔彩贤. 新时代农村人居环境治理法治保障研究[J]. 西北农林科技大学学报（社会科学版），2020，20（05）.

[86] 徐一丁. 政策性金融的精准扶贫[J]. 中国金融，2017（11）.

[87] 卫一超，王瑞，马慧敏. 浅析山西产业扶贫现状及问题[J]. 现代农业研究，2020（10）.

[88] 齐利平. 促进山西贫困地区脱贫质量提升的路径与策略探究[J]. 经济研究参考，2018（52）.

[89] 罗雪飞. 刍议十八大对中国特色社会主义文化建设理论的创新与意义[J]. 现代国企研究，2016（04）.

[90] 许传新. 农村留守妇女研究：回顾与前瞻[J]. 人口与发展，2009（06）.

[91] 黄粹，王晓惠，顾容光. 农村留守妇女社会支持系统的完善路径分析[J]. 农村经济与科技，2019，30（17）.

[92] 高永凤. 农村空巢老人现象的成因及帮扶措施[J]. 现代农村科技，2019（04）.

[93] 曾凡林，昝飞. 家庭寄养和孤残儿童的社会适应能力发展[J]. 心理科学，2001（05）.

[94] 余克弟，刘红梅. 农村环境治理的路径选择：合作治理与政府环境问责[J]. 求实，2011（12）.

[95] 曾福生，蔡保忠. 农村基础设施是实现乡村振兴战略的基础[J]. 农业经济问题，2018（07）.

[96] 范和生，唐惠敏. 新常态下农村公共服务的模式选择与制度设计[J]. 吉首大学学报（社会科学版），2016，37（01）.

[97] 张晓敏. 地方人文资源融入高校思政教育的思考：以贵州地区为例[J]. 贵州师范学院学报，2018，34（06）.

[98] 程莲雪，王丽娟，唐智松. 乡村学校在乡土文化传承中的价值及其实现[J]. 教学与管理，2021（15）.

[99] 石桃军.根治农村赌博之风的理性思考[J].法制与社会,2008(15).
[100] 朱政.面向农民需求强化农村文化建设[J].社会治理,2016(08).
[101] 倪国良,张世定.乡村振兴中乡村文化自信的重建[J].新疆社会科学,2018(03).
[102] 赵霞,杨筱柏."人的新农村"建设与乡村文化价值重建研究[J].农业考古,2016(03).
[103] 闫惠惠,郝书翠.背离与共建:现代性视阈下乡村文化的危机与重建[J].湖北大学学报(哲学社会科学版),2016(1).
[104] 沈一兵.乡村振兴中的文化危机及其文化自信的重构:基于文化社会学的视角[J].学术界,2018(10).
[105] 刘善槐,朱秀红,王爽.乡村教师队伍稳定机制研究[J].东北师范大学学报(哲学社会科学版),2019,17(04).
[106] 晏红."家庭教育指导"概念辨析[J].江苏教育,2018(72).
[107] 秦敏,朱晓.父母外出对农村留守儿童的影响研究[J].人口学刊,2019,41(03).
[108] 邬志辉,李静美.农村留守儿童生存现状调查报告[J].中国农业大学学报(社会科学版),2015,32(01).
[109] 张丽丽,左侠.当前我国农村民间组织在村庄治理中的作用[J].理论观察,2009(05).
[110] 张兆成.论传统乡贤与现代新乡贤的内涵界定与社会功能[J].江苏师范大学学报(哲学社会科学版),2016,42(04).
[111] 刘进龙.乡村振兴视域下基层党组织建设问题研究[J].青岛农业大学学报(社会科学版),2019,31(01).
[112] 毕学进.论精准扶贫思想的历史逻辑:以宋代荒政为中心的考察[J].山东农业大学学报(社会科学版),2018,20(04).
[113] 本刊编辑部.中共中央国务院关于打赢脱贫攻坚战三年行动的指导意见

[J]. 当代农村财经,2018(10).

[114] 高其才. 村党组织在乡村治理中的领导地位和核心作用探析:以《中国共产党农村基层组织工作条例》为分析对象[J]. 上海政法学院学报(法治论丛),2019,34(05).

[115] 旷爱萍,李延. 乡村振兴战略下农村一二三产业融合发展研究[J]. 当代农村财经,2019(07).

[116] 曹鸿鹏,李勇,王丁. 推进农村产业融合发展的对策研究[J]. 吉林农业,2019(18).

[117] 林宇. 光伏发电接入变电站站用电的设计方案研究与分析[J]. 黑龙江科技信息,2016(22).

[118] 田英男,魏巍. 精准扶贫背景下光伏扶贫问题研究[J]. 现代经济信息,2019(01).

[119] 江国庆,徐文璐,费海云,等. 农村电商扶贫的困境与对策研究[J]. 电子商务,2019(03).

[120] 田小勇,盛洁,王艺璇. 基于精准扶贫的农村快递终端问题研究[J]. 物流工程与管理,2019,41(06).

[121] 本刊编辑部. 中共中央国务院关于打赢脱贫攻坚战三年行动的指导意见[J]. 当代农村财经,2018(10).

[122] 杨华丽,严曦. 生态型乡村旅游产业发展策略研究[J]. 城市建筑,2018(11).

[123] 刘月. 我国生态文明建设的困境及应对策略研究[D]. 保定:河北大学,2018.

[124] 胡丹妮. 东北地区旱厕改造设计研究[D]. 沈阳:沈阳师范大学,2020.

[125] 宋倩倩. 全域旅游背景下舟山海岛渔村旅游发展研究[D]. 舟山:浙江海洋大学,2019.

[126] 中共中央国务院. 乡村振兴战略规划(2018—2022 年)[DB/OL]. (2018 -

09 - 26)[2020 - 11 - 22]. http://politics. people. com. cn/n1/2018/0926/c1001 - 30315263. html.

[127] 国务院办公厅.关于全面加强乡村小规模学校和乡镇寄宿制学校建设的指导意见[DB/OL].(2018 - 04 - 25)[2020 - 11 - 22]. http://www. gov. cn/zhengce/ content/ 2018 - 05/02/ content_5287465. html.

[128] 中共中央国务院.关于坚持农业农村优先发展做好“三农”工作的若干意见[DB/OL].(2019 - 01 - 03)[2020 - 01 - 22]. http://www. gov. cn/gongbao/content/2019/ content_5370837. htm.

[129] 中共中央国务院.关于抓好“三农”领域重点工作确保如期实现全面小康的意见[DB/OL].(2020 - 01 - 02)[2020 - 09 - 20]. http://www. gov. cn/gongbao/content/2020/content_5480477. htm.

[130] 教育部,中组部,中编办,等.关于加强新时代乡村教师队伍建设的意见[DB/OL].(2020 - 11 - 22)[2020 - 12 - 02]. http://www. moe. gov. cn/srcsite/A10/s3735/202009/t20200903_484941. html? pc_hash = lxhuF3.

[131] 中共中央国务院.关于全面推进乡村振兴加快农业农村现代化的意见[DB/OL].(2021 - 01 - 04)[2021 - 02 - 13]. http://www. moa. gov. cn/xw/zwdt/202102/t20210221_6361863. htm.

[132] 中共中央国务院.农村人居环境三年行动方案[DB/OL].(2018 - 02 - 05)[2020 - 11 - 22]. http://www. gov. cn/gongbao/content/2018/content_5266237. htm.

[133] 山西省民政厅.山西省最低生活保障对象审核确认办法[DB/OL].(2022 - 01 - 12)[2022 - 1 - 25]. http://mzt. shanxi. gov. cn/tzgg/tz/202201/t20220112_4445670. html.

[134] 山西省人民政府.关于全面推进乡村振兴加快农业农村现代化的实施方案.[DB/OL].(2021 - 04 - 14)[2022 - 1 - 25]. https://m. thepaper. cn/baijiahao_12251419? hsdkver = 64590f2e,2021 - 04 - 16.

[135] 山西省教育厅. 山西省 2018 年教育扶贫行动计划[DB/OL]. (2018 - 03 - 08)[2020 - 11 - 22]. http://jyt. shanxi. gov. cn/ztzl_151/sxjyjzfp/zcfg/201903/t20190327_524203. html.

[136] 教育部办公厅. 教育部办公厅关于做好北方地区农村学校冬季取暖工作的通知[DB/OL]. (2021 - 11 - 05)[2022 - 1 - 20]. http://www. moe. gov. cn/srcsite/A03/s7050/202111/ t20211116_580076. html.

[137] 教育部,国家发展改革委员会,财政部,等. 关于实现巩固拓展教育脱贫攻坚成果同乡村振兴有效衔接的意见[DB/OL]. (2021 - 04 - 30)[2022 - 1 - 20]. http://www. moe. gov. cn/srcsite/A03/s7050/202105/t20210514_531434. html.

[138] 中共山西省委山西省人民政府. 关于推进乡村振兴战略的实施意见[DB/OL]. (2018 - 04 - 26)[2020 - 11 - 22]. http://www. linfen. gov. cn/non-gye/contents/21439/251276. htm.

[139] 国务院. 国务院关于加强农村留守儿童关爱保护工作的意见[EB/OL]. (2016 - 02 - 14)[2021 - 01 - 14]. http://www. gov. cn/.

[140] 山西省人民政府. 发展改革委负责人就《农村人居环境整治三年行动方案》答记者问[EB/OL]. (2018 - 02 - 06)[2021 - 03 - 18]. http://www. gov. cn/.

[141] 山西省人民政府. 山西省人民政府办公厅关于印发山西省畜禽粪污处理和资源化利用工作方案(2017—2020 年)的通知[EB/OL]. (2017 - 12 - 27)[2021 - 03 - 20]. http://tjj. shanxi. gov. cn/.

[142] 中共中央. 中国共产党农村基层组织工作条例[EB/OL]. (2019 - 01 - 10)[2021 - 02 - 23]. http://www. gov. cn/zhengce/2019 - 01/10/content_5356764. htm.

[143] 国务院. 中共中央国务院关于打赢脱贫攻坚战的决定[EB/OL]. (2015 - 12 - 09)[2021 - 03 - 06]. http://www. gov. cn/xinwen/2015 - 12/09/content

_5021708. htm.

[144] 王飞航. 山西今年将易地搬迁扶贫 12.5 万人[EB/OL]. (2016-06-16)[2021-03-08]. http://www.rmzxb.com.cn/c/2016-06-16/871508.shtml.

[145] 山西省财政厅教育厅. 学前教育资助制度实施方案的通知[EB/OL]. (2019-04-18)[2021-03-23]. http://www.xiaoyi.gov.cn/xysxxgk/jyk/jykjj/gzdt_45813/b jgzdt_45814/201906/t20190606_1292429.shtml.

[146] 山西蒲县黎掌村走出"精神扶贫+精准扶贫"新路子[EB/OL]. (2018-08-09)[2021-03-25]. http://sannong.cctv.com/2018/08/09/ARTIusYGw5XYwvOQfjAUZjC9180809.shtml.

[147] 董峻. 农业部加快培育新型农业经营主体[EB/OL]. (2018-02-17)[2021-04-01]. http://www.gov.cn/xinwen/2018-02/17/content_5267316.htm.

[148] 国务院. 关于促进乡村产业振兴的指导意见[EB/OL]. (2019-06-28)[2021-04-05]. http://www.gov.cn/xinwen/2019-06/28/content_5404202.htm.

[149] 中共山西省委. 关于坚决打赢全省脱贫攻坚战三年行动的实施意见[EB/OL]. (2019-01-02)[2021-04-10]. https://fpb.sxjz.gov.cn/tpyw/content_259855.

[150] 韩喜平. 农村环境治理不能让农民靠边站[N]. 中国社会科学报,2014(A07).

[151] 王荔. 运城以高水平开放促进高质量发展[N]. 山西日报,2016-09-24(001).

[152] 李艳妮. 山西南大门盛情迎宾朋[N]. 发展导报,2017-12-08(012).

[153] 王会欣. 加快发展乡村特色产业[N]. 河北日报,2019-06-05(007).

[154] 中华人民共和国农业农村部. 重点流域农业面源污染综合治理示范工程

建设规划(2016—2020 年)的通知[EB/OL].(2017 - 04 - 30)[2020 - 08 - 12]. http://www.moa.gov.cn/nybgb/2017/dsiqi/201712/t20171230_6133444.htm.

[155] 中国政府网. 第二次全国污染源普查公告[EB/OL].(2020 - 06 - 10)[2020 - 08 - 14]. http://www.gov.cn/xinwen/06/10/content_5518391.htm.

[156] 中华人民共和国住房和城乡建设部,城市建设统计年鉴[EB/OL].(2020 - 12 - 31)[2020 - 12 - 31]. http://www.mohurd.gov.cn/xytj/tj-zljsxytjgb/jstjnj/index.html.

[157] 国家统计局. 试析我国农村生活垃圾处理模式[EB/OL].(2021 - 04 - 23)[2021 - 04 - 23]. http://www.stats.gov.cn/tjsj./ndsj/.

[158] 联合国儿童基金会. 农村卫生厕所和无害化卫生厕所普及率(2000—2017 年)[EB/OL].(2021 - 04 - 23)[2021 - 04 - 23]. https://www.unicef.cn/figure - 78 - access - sanitary - latrines - and - harmless - sanitary - latrines - rural - areas - 20002017.

[159] 王阳. 社区养老渐行渐远,选择居家养老的老人占 97%[EB/OL].(2019 - 11 - 02)[2021 - 03 - 16]. http://news.cctv.com/2019/11/02/ARTIVd4sas6kvHIjbYyUr XSq191102.shtml.

[160] 廖楚晖. 中国改革开放 40 年的教育财政:制度变迁、研究现状、问题取向与破解路径[C]//中国财政学会. 中国财政学会 2019 年年会暨第 22 次全国财政理论研讨会交流论文集:第三册. 内部资料,2019.

附录一：调查问卷

您好，我们是"绿水青山就是金山银山：乡村生态治理路径研究"课题组成员，为了了解您所在村的人口、环保、扶贫脱贫、文化教育、乡风民俗等情况特意编写了本调查问卷。此调查结果仅被用作学术研究，会严格保护您的个人信息，请您放心填写符合您实际的资料和建议，如有不清楚的问题可不答。衷心感谢您的配合与支持。

一、基本信息

1. 您的居住地：________市________县________乡镇________村

2. 您的性别：

A. 男　B. 女

3. 您的年龄：

A. 30 岁以下　B. 30～45 岁　C. 46～59 岁　D. 60 岁及以上

4. 您的职业：

A. 农民　B. 外出务工人员　C. 乡镇企事业单位工作人员　D. 校长或教师　E. 商人

5. 您配偶的职业：

A. 农民　B. 外出务工人员　C. 乡镇企事业单位工作人员　D. 校长或教师　E. 商人

6. 您的政治面貌：

A. 中共党员（含预备）　B. 民主党派　C. 共青团员　D. 群众

7. 您的文化程度:

A. 没上过学　B. 小学文化　C. 初中文化　D. 高中文化(含中专、职高)

E. 大专文化　F. 大学本科及以上

8. 您的家庭是否属于贫困家庭?

A. 是　B. 否

9. 您的家庭人均年收入:

A. 1000 元以下　B. 1000 ~ 3000 元　C. 3000 ~ 5000 元　D. 5000 元以上

10. 您家每年花销最大的一项是:

A. 日常生活开销　B. 供子女上学的费用　C. 租房费用

D. 医疗费用　E. 其他________

11. 您家里有________口人,子女________人,老人________人。

12. 您家里的老人有没有生大病(如癌症、糖尿病、脑梗、心脏病等)的情况?

A. 都健康　B. 一人生病　C. 两人生病　D. 三人生病　E. 四人生病

13. 您所在村有哪些特色产业? ________(可多填)。

如厂矿企业(如煤矿、铁矿)、旅游业、种植业、非物质文化遗产等。

14. 您所在村的村主任属于下列哪一类?

A. 大学生村官　B. 驻村干部　C. 村民选举产生　D. 干部指定

E. 其他(如有其他,请填写____________)

二、主要问题

(一)环保

1. 您感觉您所在村的空气质量与以前相比如何?

A. 变好了　B. 没变化　C. 变差了

2. 您的家庭对生活污水(洗菜水、淘米水、洗脸水等)如何处理?

A. 随意排放　B. 排放到附近水沟或河里　C. 合理处理后用于农肥

D. 排放到沼气池

3. 您所在村是否有公共垃圾桶?

A. 有　B. 没有

4. 您如何处理生活垃圾?

A. 分类处理　B. 能卖则卖　C. 直接扔到垃圾桶　D. 随手乱扔

5. 您所在村村民做饭主要用哪一类能源?

A. 煤　B. 柴　C. 电　D. 煤气或天然气　E. 太阳能

6. 您所在村村民取暖主要用哪一类能源?

A. 煤　B. 柴　C. 电　D. 煤气或天然气　E. 太阳能

7. 您所在村的厂矿企业对环境有没有污染?(如果所在村没有厂矿企业,此题及下一题可不答)

A. 污染严重　B. 污染较轻　C. 基本无污染

8. 如果有污染,对村里人的身体健康有无危害?

A. 严重危害健康　B. 有一定程度的危害　C. 无危害　D. 不太清楚

9. 村里得癌症的人多吗?

A. 非常多　B. 比较多　C. 不太多　D. 很少

10. 您所在村主要种植哪些农作物?

A. 粮食作物　B. 经济作物(棉花、油料、药材、大棚蔬菜)

C. 木本作物(苹果、梨、枣等)

11. 您所在村采用哪种灌溉方式?(如没有,可不答)

A. 大水漫灌　B. 滴灌

12. 春耕秋收主要用以下哪种方式?

A. 全部靠人力　B. 全部机械化　C. 人力加机械

13. 农作物收割后对秸秆是如何处理的?

A. 就地焚烧　B. 集中到沼气池　C. 变卖　D. 作为饲料　E. 政府回收

14. 您所在村在农业种植中使用农药的情况多不多?

A. 多,大家都在用　B. 少部分人在用　C. 没人用

15. 您认为您所在村发展绿色生态旅游的优势有哪些？（可多选）

A. 交通　B. 地理位置　C. 市场　D. 劳动力　E. 特色旅游资源

F. 环境　G. 其他________________

16. 您认为发展旅游业对当地环境造成了哪些影响？（多选）

A. 公共设施改善　B. 环境改善　C. 增加经济收入　D. 提升文化影响力

E. 环保意识增强　F. 环境污染　G. 交通恶化

17. 您所在村经常开展环保宣传活动吗？

A. 经常　B. 偶尔　C. 基本没有　D. 不怎么关注

18. 您所在村目前有哪些环保措施？（可多选）

A. 增加环保宣传　B 增加环保设施　C. 规范垃圾处理　D. 节约资源

E. 治理厂矿企业

（二）教育文化

1. 您认为您所在村还存在下列哪些活动？（多选）

A. 给祖先建豪华墓碑　B. 给祖先上坟时烧纸

C. 婚丧嫁娶及春节时放鞭炮　D. 村里有人信仰耶稣教和佛教以外的教派

E. 阴婚　F. 有事找风水先生或算命先生　G. 赌钱　H. 吸毒

I. 逢事（暖房、过生日等）大摆宴席　J. 如有其他请填写______________

2. 您所在村村民一般信仰哪些宗教？

A. 佛教　B. 基督教　C. 其他__________（填写）

3. 您所在村在婚丧事宜操办中存在哪些突出问题？（可多选）

A. 铺张浪费　B. 封建迷信　C. 攀比严重　D. 礼金过高　E. 借机敛财

F. 污染环境

4. 您所在村赌博的人多不多？

A. 很多　B. 不太多　C. 几乎没有

5. 您所在村是否会定期举办文艺活动？（如唱戏、广场舞等）

A. 经常举办　B. 很少举办　C. 几乎没有

6. 您所在村的妇女会经常跳广场舞吗?

A. 村委会经常组织　B. 村民自己结伴　C. 很少　D. 没有

7. 您平常闲暇时间主要干什么?(可多选)

A. 看电视　B. 玩手机　C. 看书看报　D. 聊天　E. 打麻将　F. 旅游

G. 跳广场舞　H. 进城购物　I. 其他____________

8. 您所在村有没有学校?

A. 有　B. 没有

提示:如果您家有孩子正在上学,请继续答 9 ~ 15 题;如果没有,请跳过 9 ~ 15 题。

9. 您所在村学校一个班有多少学生?

A. 15 人以下　B. 16 ~ 30 人　C. 31 ~ 50 人　D. 50 人以上

10. 您所在村学校的教学设施和器材怎么样?

A. 严重缺乏　B. 相对缺乏　C. 比较丰富　D. 丰富多样

11. 您所在村教师的教学水平怎么样?

A. 非常好,教师经验丰富　B. 一般,教师勉强能教导孩子

C. 很差,教师教学水平不高

12. 您所在乡镇或村学校的食宿条件怎么样?

A. 很好　B. 一般　C. 较差　D. 不清楚

13. 您认为农村学校发展主要靠下列哪些方面?(可多选)

A. 国家政策支持　B. 高水平的教师队伍　C. 稳定的生源

D. 当地的经济水平及教育投入

14. 如果您是家长,您多久与孩子见一次面?

A. 每天　B. 每周　C. 每月　D. 半年及以上

15. 您觉得孩子上学带给家庭的经济负担重不重?

A. 负担重　B. 负担不重

16. 如果您外出务工,您最担心孩子哪方面的情况?

A. 情感状况　B. 思想品德　C. 学习成绩　D. 生活习惯　E. 健康安全

17. 您平时和孩子交流主要用哪种方式？

A. 面对面　B. 电话　C. 微信聊天或视频

(三)扶贫

1. 您所在村离县城大概有多远？

A. 20 公里以内　B. 20 ~ 30 公里　C. 30 ~ 50 公里　D. 50 公里以上

2. 您家里种几亩地？

A. 自己种 10 亩以上　B. 自己种 5 ~ 10 亩　C. 自己种 3 ~ 5 亩

D. 全部租给别人

3. 您种地的收入能维持您全家所有的开销吗？

A. 能　B. 不能

4. 您会经常外出务工吗？

A. 常年在外　B. 有空时出去　C. 不会

5. 您家里目前享受到哪些帮扶补助政策？(多选)

A. 低保补助　B. 贫困户补助　C. 产业就业扶贫补助(种大棚等补助资金)

D. 危房改造补助　E. 易地搬迁补助　F. 大病医疗补助　G. 教育扶贫补助

H. 其他________________(请填写)

6. 政府的这些帮扶政策对您的生活有没有帮助？

A. 帮助很大　B. 一定程度的帮助　C. 没帮助　D. 对政府的政策不了解

7. 您家最需要哪些帮扶？(多选)

A. 房屋改造或移民搬迁　B. 提供贷款发展产业　C. 农机具补贴

D. 医疗救助　E. 低保保障　F. 贫困补助　G. 子女就学

H. 种植产业或养殖业项目扶持

8. 您所在村经济发展的主要困难有哪些？(多选)

A. 劳动力短缺，年轻人大多进城打工　B. 缺乏国家的政策扶持

C. 缺乏人才　D. 交通不便　E. 种植作物单一，收入少　F. 缺乏产业支撑

G. 自然环境恶劣

9. 您所在村下列哪些方面已得到改善？（多选）

A. 交通设施　B. 住房条件　C. 家用电器　D. 农用交通工具　E. 子女教育

10. 您认为农村建设应该主要依靠什么？（多选）

A. 靠政府项目资金扶持　B. 靠村民自身努力　C. 村民和政府共同努力

D. 发展特色农业或旅游业

附录二：访谈提纲

乡镇、村干部访谈提纲

（一）人口

1. 您所在村有多少人口？人口结构如何？（老人、青壮年、少年儿童各有多少）

2. 每年外出务工的有多少人？他们外出务工的去向一般是哪里？（省内、省外，省外请具体到去往哪些省）主要做什么？您认为他们外出务工的原因是什么？

3. 您所在村外来人口结构如何？对外来人口是怎么管理的？有没有具体的管理办法？（子女教育、居住等）

4. 青壮年外出务工对您所在村的发展有什么影响？

5. 村里妇女闲暇时间干什么？有没有定期组织有意义的文化活动？

6. 镇上有没有养老院？有没有文化广场或文化活动中心？

（二）扶贫

1. 全村建档立卡贫困人口有多少？今年的脱贫任务是什么？

2. 贫困户的识别与退出的标准是什么？有哪些主要程序？

3. 您所在村在贫困人口识别、动态调整中遇到了哪些困难？存在什么问题？

4. 贫困村脱贫的退出条件是什么？最大的困难是什么？

5. 低保的判别标准有哪些？

6. 村里主要享受了哪些帮扶政策? 有哪些资金支持?

7. 您所在村健康脱贫、教育扶贫政策落实得怎么样?

8. 您对生态脱贫有哪些了解?

9. 您认为应该怎样把乡镇干部、村干部、驻村干部、第一书记四支力量有效整合起来,更好推进脱贫工作?

10. 您所在村是否有特色产业? (如种植业、养殖业、农产品加工业等)村里对这些产业有没有集体管理措施? 您所知的关于特色产业扶贫的政策有哪些? 有没有促进村里增收?

11. 您所在村是否有旅游业? 对当地的经济发展是否有促进作用? 对环境产生了什么样的影响?

(三)文化与教育

1. 您所在乡镇目前有几所学校? (小学、中学)您所在村有没有学校? 如果有,请介绍教师数量和学生数量。

2. 您所在村以前有学校吗? 有的话是什么时间撤的? 撤校的原因是什么? 撤了以后您所在村的孩子都去哪里上学?

3. 您所在村学校的学生中有多少留守儿童(父母长期在外打工,孩子由老人抚养)? 对留守儿童有没有登记,对他的家庭有没有补偿?

4. 乡镇/村在发展中为学校教育提供了哪些政策上的便利?

5. 对于村民的一些不良行为(如大摆宴席、酗酒、赌博、吸毒等),村里有没有一些治理的办法?

6. 村民之间闹纠纷、矛盾,村干部是否出面调解处理?

7. 村里平时都举办哪些文化活动? 您觉得这些文化活动对村民有没有好的影响?

8. 您所在村有没有特色文化产业? (如寺庙、非物质文化遗产等)会定期举办庙会吗?

（四）生态治理

1. 您所在村的地理位置、交通、经济状况、自然环境怎么样？

2. 村里的卫生状况怎么样？村里都有哪些卫生设施？（如垃圾桶的配备情况）使用情况怎么样？本村有没有垃圾处置的规定？

3. 您所在村的村民在农业种植中如何使用农药？您认为使用农药对人的健康以及环境有什么影响？

4. 您所在村都有哪些厂矿企业？这些企业排污规范吗？对村里的环境有无影响？镇政府及村委会对厂矿企业有没有环保整治措施？

5. 村民用哪种方式取暖？国家对此有没有一些环保性的规定？村里怎么执行的？

6. 对于村民乱扔垃圾、放鞭炮、烧煤、烧柴这些行为，村里是怎么治理的？

7. 针对村里的环境问题，本村有关于环境保护的措施吗？这些措施是怎么实施的？目前针对环境保护的举措取得了哪些成效呢？

8. 目前村里在环境整治方面遇到哪些困境？对于这些困境接下来有什么治理计划吗？

村民访谈提纲

（一）文化信仰

1. 就您所知，村里人都信仰哪些宗教？平时有宗教活动吗？平时您遇到困难会去找算命先生吗？村民或孩子生病了，会先去医院还是找神婆呢？

2. 目前村里还有哪些封建迷信活动？

3. 村里妇女在闲暇时间会干些什么？（针对妇女提问）

4. 村里外出务工的多不多？有没有夫妻双方一起外出务工的？

(二)生态

1. 您觉得改革开放四十余年来本村环境有哪些变化?

2. 您平时使用农药多不多?您觉得喷洒农药对环境和健康有哪些危害?村里对农药使用有没有管制规定?

3. 当地政府对发展生态农业(如种有机蔬菜)有哪些激励措施?您是否受益?

(三)扶贫

1. 您所在村贫困户都享受了哪些优惠政策?

2. 您认为当地政府的扶贫政策落实得如何?

校长、教师访谈提纲

1. 您所在学校是中心校还是村小?是否是寄宿学校?办学规模、教学器材、图书数量、食宿条件如何?

2. 您所在学校教师的数量、职称水平、学历水平、年龄层次,以及教师结构(民办、国家编制、支教、县城指派)、工资水平如何?(适当要一些文本资料)

3. 教师流失多不多?您如何看待农村教师流失问题?如何解决教师短缺问题?在防止教师流失和稳定教师队伍方面有什么举措?

4. 您所在学校有没有交流教师?交流教师对教育教学有没有帮助?如何看待国家的教师交流政策(必要性、利弊、成效、可行性)?

5. 学校班级的平均人数是多少?学生里留守儿童多不多?学校对留守儿童有没有登记?有没有优惠政策?学校或乡镇、村对留守儿童有没有关爱举措?

6. 您认为留守儿童幼年寄宿对孩子的身心发展有没有影响?留守儿童普遍存在哪些问题?您认为解决这些问题有什么好的办法?

7. 您多久与学生家长联系一次?这些家长对孩子的学习关心吗?

8. 您为什么选择在本村任教？

9. 您所在学校有没有经历过撤并呢？如果有，请说说您的感受。

10. 您所在学校的生源情况如何？稳定生源的主要因素有哪些？

家长访谈提纲

1. 您家有几个孩子？您子女的教育状况如何？（孩子1、孩子2等）

如果上学，就读的是哪类学校？（公立寄宿、私立寄宿、公立走读、私立走读）

上学的地点在哪里？（村内就读、乡镇中心校就读、县城就读、地级市学校就读）

孩子就读的年级段如何？（幼儿园、小学、中学、大专及以上）

2. 您经常和孩子的班主任/任课老师交流吗？您了解孩子的学习情况、心理状况吗？您和孩子交流得多不多？主要交流哪些内容？

3. 您觉得父母外出务工对孩子的成长有什么影响？

4. 您对于家长陪读或者孩子寄宿有什么看法？

5. 您对孩子的班主任/任课老师满意吗？满意或不满意的地方分别有哪些呢？

访谈录音整理

致 谢

感谢刘复兴老师和冯用军老师为本书出版付出的努力！

感谢我的硕士研究生王梓娇、董高鸿飞、钱蕾和王烁，她们带领调研团队参与了本研究的实地调研和考察，进行了扎实的数据分析和整理，感谢学生家小聪、王璐娜、庞淑娇、孔旋、刘潇帆和王亚珂参与了本文的编码、修改和校对工作。

感谢所有给本书提出意见建议，为本书出版有所贡献的前辈与同行，诚惶诚恐，深深地向各位致以谢意！